電力系統進化論

山口 博
次世代系統懇話会

はじめに

　電力系統は生物のように成長し続ける。これは、学生時代に教わった電力系統の特徴の一つである。電気事業が始まって以来、電力需要の増加に合わせて電力供給を安定に行うために、三相交流の電力系統は連系が進み拡大し続けてきた。このわが国の電力系統の成長については、本書の中ほどの幕間に詳細な記述がある。しかるに、この成長が止まりつつある今、わが国の電力系統はこれからどこに向かっていくのであろうか。本書では、電力系統を取り巻く環境の変化を8つのD、De-carbonization（脱炭素化）、Deregulation（自由化）、Decentralization（分散化）、Depopulation（人口減少）、Democratization（電力取引の民主化）、Digitalization（デジタル化）、Devastating Natural Disaster（自然災害の広域化・激甚化）そしてDegradation due to aging（設備の高経年化）として、これらに対応すべく質的に電力系統は進化していくとしている。そしてその進化する電力系統の課題、構築に際しての意識の持ち方等についても示している。

　既に、電力自由化である電力システム改革は進み、卸電力取引市場ができ、発電、送配電、小売り販売の垂直一貫体制であった一般電気事業者では送配電部門の法的分離いわゆる発送分離が行われ、多くの発電会社や小売事業者が生まれている。電気の価値としては、以前はエネルギーであるｋＷｈのみを相対や市場で取引してきたが、今ではそれに加えて、電力の需給のバランス（同時同量）を維持するための調整力であるΔｋＷ、最大需要への必要な供給力を確保するためのｋＷ、そしてCO_2を排出しない電源からのエネルギー価値いわゆる非化石価値も市場で取引するようになっている。これらはいずれも全国規模の市場取引である。一方、将来は、需要家側のデマンドレスポンス（ネガ・ポジワット）や分散電源のｋＷｈ、ΔｋＷをローカルな市場で取引することも想定されている。いわゆるＰ２Ｐ市場である。このようなローカルな市場と先に述べた全国規模の市場との協調はどうすればよいのであろうか。

分散化と脱炭素化では、２０１１年の東日本大震災を契機に、太陽光発電などの再生可能エネルギー電源が大量に電力系統の下流、いわゆる電圧の低い系統に導入されてきているが、将来は、北海道、東北エリアの大量の洋上風力発電からの電力を、新たに建設する予定の海底ケーブル直流送電と既存の５００ｋＶ系統を使って大規模需要地である東京エリアまで送ろうとしている。また、世界の潮流に合わせて、２０５０年に向けてのカーボンニュートラル宣言が出され、再生可能エネルギーの主力電源化のほかにもさまざまな施策が出され、技術開発が行われている。このような状況において、電力系統は、大規模集中電源や大量の洋上風力発電が連系された上位電圧500kV、275kVの広域の基幹系統と、それより下位の電圧の太陽光発電が大量に連系された需要地系統（配電系統を含む）という機能が大きく異なる2つの系統で構成されるが、この2つは電気的に密接に繋がっており、安定かつ経済的な一つのシステムとして運用されなければならない。従って、そこには何らかの協調メカニズムが必要となる。つまり、大規模集中電源と大量の再生可能エネルギー電源が共存するための物理的・経済的メカニズムが必要となる。

2050年のカーボンニュートラルに向けては、再生可能エネルギーの主力電源化という電力部門の非化石化を進めると同時に、非電力部門の電化が重要になる。運輸ではEV、熱ではヒートポンプ給湯機や産業用ヒートポンプの導入などが進む。また、蓄電池は系統側だけでなく需要家側にも導入されてくる。この需要家側の分散電源のΔkWやデマンドレスポンス（ネガ・ポジワット）などのローカルフレキシビリティーをうまく活用するためのスマートグリッド、需要地系統の共通プラットフォームなどをどのように構築し、基幹系統とどのように協調すればよいのだろうか。新しい配電事業ライセンス制度により、現在にはない特徴をもった地域グリッドづくりも可能になった。ここでは、自然災害などの広域化、激甚化に対応したレジリエントなシステムも特徴の一つになる。しかし、災害は常時発生するものでもなく、レジリエンスにかけるコストの最適化が求められるであろう。

以上のような、電源から送配電網、需要家機器までの設備構築、運用、制御の全体最適化を行う上で必要なのは、この電力系統全体の将来にわたる便益から投資コストとリスクを差し引いた電気の価値の最大化を行うことである。送配電網や電力貯蔵設備、スマートグリッドなどの設備形成をどこまで行うのか、送配電網の設備形成をＤＸ化や制御でどの時点まで遅らせることができるのかなど興味は尽きない。この全体最適を図るには産官学が一体となった司令塔が必要であることは言うまでもない。

本書は、以上述べてきたことを詳細にわかりやすく記述しており、電気事業に関係する方だけでなく、エネルギー政策担当の方、エネルギー関連分野を目指す次世代を担う学生諸君、カーボンニュートラルなどエネルギーに興味を持つ一般の方々にも一読をお勧めしたい。

2023年9月

横山　明彦

目次

【第二章】

【第四章】

【プロローグ】

20世紀最大の技術的偉業とされる「電力系統」。現在、「次世代系統」へ向けて、大きな変化の中にある。従来、電気の流れが電源から需要へ一方向であったのに対し、分散型エネルギー資源の普及によって双方向化している。また、電力系統のスマート化により、より高度な柔軟性が期待されている。

序章としてその変化を概観する。

◆20世紀最大の技術的偉業

２０２０年12月に閣議決定された「カーボンニュートラル宣言に伴うグリーン成長戦略」は、電力部門の脱炭素化、電力部門以外は電化を中心に、熱需要には水素などの脱炭素燃料、化石燃料からの二酸化炭素（CO^2）の回収・再利用も活用していくといったエネルギーの需給構造のグリーン化が盛り込まれた。その後、２０２３年5月には「ＧＸ（グリーン・トランスフォーメーション）推進法」が成立。電源の脱炭素化への取り組みが加速している。それとともに、グリーン成長には、強靭なデジタルインフラが不可欠で、電力ネットワークのデジタル制御が課題であると指摘している。

脱炭素化が大前提となる電力部門では、再生可能エネルギーを最大限導入するために、電力系統を整備し、コストを低減しながら、周辺環境との調和を図りつつ、変動する出力を調整するために蓄電池を活用していく。この実現には、系統運用の高度化を図るスマートグリッドや、天候により出力が変動する太陽光・風力の需給調整、インフラの保守・点検作業などはデジタル技術で対応していく必要がある、との方向が示されている。

グリーンとデジタルを両輪に脱炭素社会を支えることが期待される「電力系統」は、20世紀を象徴する電気の供給システムとして、トーマス・エジソン、ニコラ・テスラ、サミュエル・インサルなどが活躍した草創の時代以来、世界の目覚ましい繁栄と豊かな暮らしを不断に生み出してきている。アメリカ工学アカデミーの会員向けアンケートでは、「20世紀最大の技術的偉業」に選ばれている。

従来、世間の関心が高いとはいえなかった電力系統だが、最近では「地域間送電強化」「再エネ出力抑制」「再エネ、送電網を使えず」「台風、高まる停電リスク」などの報道が多くなり注目度が高くなってきている。

本書では、脱炭素化社会へ向けて、20世紀最大の技術的偉業とされる「電力系統」がどう変わろうとしているか、次世代は従来と何が変わるのか、電力系統の変遷を振り返りつつ展望する。併せて、従来の電力系統を支えてきた系統技術とその設計思想、プラクティスを振り返り、次世代を支える系統技術に生かすべきことは何か、これまでの経験に照らすと何が課題となるかを探りたい。

まずは脱炭素社会へ向けて、従来の電力系統の特質の何がどう変わり、いずこへ行こうとしているのか、時計の針を2000年代半ばまで戻し、振り返りつつ概観してみよう。

◆連系を梃子に発展を遂げる

20世紀最大の技術的偉業「電力系統」発展の歴史は、「系統連系の歴史」と言っても過言ではない。系統連系は、経済性と信頼性（電力品質）をともに高めるが、事故波及により全系崩壊をもたらす可能性もある『もろ刃の剣』でもある。

従って、「適正な連系」のためには、系統全体をシステムとして俯瞰する視点が欠かせず、今後の電力系統の形成・維持運用でも、全体をシステムとして捉える発想が不可欠である。「システムとして捉える場合、適正な規模はどのくらいか」と問われることもあるが、電力系統を構成する設備の一部を喪失した際、どの程度の規模ならば全系の安定運用に影響しないかという見方、あるいは、系統運用を一体的に行っている範囲とする見方など、多様な見方ができる。

評価する観点により定義が変わることもあり、適正な規模について閾値を一概に決めることは困難だが、経済性だけの観点で系統規模を決めることについては、危うさがあることに留意が必要である。

電力系統の歴史は、各時点で設備を一からつくり直すのではなく、既存の設備を生かしながら、それぞれの置かれた状況に応じて発展してきた道筋でもある。この点は、今後、脱炭素社会へ向けた次世代電力系統へ転換を図っていく過程においても同様で、転換コストを抑制する観点からも必須である。

また、交流の電力系統を安定運用するためには、次のような工学的な要件を満足させる必要があり、これが満足されない場合は、電力取引市場が成立しない。

①送電線や変圧器等の設備の熱容量を超過させない
②周波数を維持する
③電圧を維持する
④系統安定度を維持する
⑤短絡・地絡故障電流を設備能力以内に維持する

——である。

系統連系はもろ刃の剣、既存設備の最大活用、工学的要件満足という「特質」は、再生可能エネルギー主力電源化の下での次世代電力系統においても変わるものでなく、むしろ「次世代電力系統へ転換していく際の基本的な要件として堅持すべき」と言ってよい。

一方、グリーンとデジタルを両輪として転換が進む次世代電力系統では、系統連系を梃子に、主として規模の経済とネットワークの強固な構築を両輪に中央集権型制御システムとして発展してきた従来の「電力系統」とは大きく異なる特質が加わるのである。

◆「一方向」から「多方向」へ

大規模集中型電源が大宗を占める現在の電力系統では、電源が上流側に配置されることから、電力の流れが、発電所→送配電線→需要という「一方向」が特質の一つだが、次世代電力系統でもそうかというと、否である。

例えば太陽光発電の場合、電力系統の下流側の配電線に接続されることが多い。よって、発電量が増加すると、配電系統において下流から上流へ電気の流れが変わる。太陽光発電を含む分散型エネルギー資源の普及が進んで、下流側での電源配置が拡大すると、電

図1　系統へ流れる電気の変化

系統へ流れる電力は、双方向・多方向に

気の流れは「双方向」化する。さらに、プロシューマー（生産消費者）化する消費者同士での電力融通・電力取引が活発化すると、電力の流れは「多方向」化していくと考えられる。

現在の電力系統では、電気を貯めることができない。このため、国内外ともに周波数の変動に応じて発電所側で出力を上下させ、電力需給のバランスをとっている。需要の変動に発電機が追従する、需要に発電が合わせる電源の負荷追従方式の需給運用といえる。

脱炭素社会へ向かう中、太陽光発電・風力発電などの自然変動電源が大量に系統接続されると、短い周期の変動が増大し、調整力がより必要になる。その一方、火力発電機の運転台数は減少し、需給バランスの調整力が減少する。従って、需要機器の運転制御、分散型電源の出力制御など需要サイドのエネルギー資源の制御によって追加的な調整力を確保できれば、社会コストの低減につながる。これは、分散型エネルギーマネジメントによる「需要の能動化」と呼ばれており、次世代電力系統では、「発電機の負荷追従」と「需要の能動化」が協調制御される需給運用に変わっていくと考えられる。

細長い国土に主要都市が沿岸部に並んでいる地理的特性、戦後の電力再編などの歴史的背景、1960年代に日米で経験した大規模停電の教訓などから、日本全体の電力系統は、旧一般電気事業者の供給区域ごとの需給均衡と各社間の疎な連系（一点連系）で特徴づけられる串型系統の構成となっている。

事故波及拡大防止の点からは有用な一点連系だが、次世代では全国規模での再生可能エネルギーの最大限導入、需給調整市場の広域化、レジリエンス強化など新たなニーズが出現しており、これらへの対応と広域大規模停電防止の両立を図る広域系統整備と最適な運用が求められる。

◆スマートグリッドへの期待

技術革新が乏しいと見られがちな「電力系統」。だが、再生可能エネルギーの規模を拡大しても電力ネットワークを安定的に運用・制御するための技術として、「スマートグリッド」の研究開発が、2000年代半ばから始まった。

「スマートグリッド」という言葉は、風力発電の導入が進んでいた欧州の次世代電力ネットワーク構想として2005年に登場した。米国ではバラク・オバマ大統領の2008年大統領選の政策として取り上げられたことから広く知られるようになった。日本では、政府が2009年4月に掲げた「2020年に太陽光発電の規模を20倍の2800万キロワットに拡大」という目標達成のため、これに不可欠な系統安定化のためのスマートグリッド技術確立を契機に、国家プロジェクトとしてのスマートグリッド技術開発が2009年度から本格的に開始された。

再生可能エネルギーを本格電源として活用するための「ソリューション」といわれるス

マートグリッドについて、国際電気標準会議（IEC）では「電力ネットワークの利用者やその他の利害関係者のさまざまな行動を統合し、持続可能で安価で安定的な電力を効率的に供給することなどを目的として、双方向情報通信・制御技術や分散処理機能やそのためのセンサーやその機能を実現する装置を備えた電力システム」と定義している。

太陽光、風力など自然変動型電源の比率が高くなった電力系統では、電力消費量だけでなく発電量も変動する。このため、発電の情報と消費量の情報を統合して活用し、これまで制御してこなかった消費量の制御、すなわち需要側も制御することで効率的に電力供給の安定化に役立てる技術が狭義の「スマートグリッド」といえる。

狭義のスマートグリッド技術に、リアルタイムの電気料金の見える化により需要側で消費パターンを変化させるデマンド・レスポンス（DR）を組み合わせ、消費の決定者である「人間への働きかけ」が介在する広義の「スマートグリッド」も存在する。「需要の能動化」という新たなコンセプトが生み出す「より高度な柔軟性」が、電力系統の新時代を開拓すると期待されていたのである。

数多くの実証を通じて、現状、要素技術開発はほぼ完了している。ただし、実装が緒についた段階で、日本は東日本大震災に遭遇した。

◆震災を機に根本課題を総括

2011年3月11日の東日本大震災では太平洋沿岸部に立地する東北・関東地域の主要な発電所が津波の影響で壊滅的な打撃を受けた。事故に至った東京電力福島第一原子力発電所だけでなく大型火力発電所も大きな被害を受け、東北地方と関東地方は電力不足に陥り、関東では計10日間に及ぶ計画停電を余儀なくされた。

これは、電気の周波数変換設備（東西で異なる周波数を変換する設備）や地域間連系線（供給エリア間をつなぐ送電線）の容量が不足したため、西日本から余剰電力を融通することができなかったことが主因だった。つまり、大規模集中電源を喪失するというリスクが現実のものとなった時、エリアごとの独占的な電力供給システムでは電力を広域的に活用することができなかった、と指摘された。

こうした電力需給の大きな混乱を受けて、政府において「電力システム改革タスクフォース」が設けられ、2011年12月27日に電力システムの抜本的な改革に係る論点整理が行われた。

その結果、既存電力システムにおける根本的な課題は、次の2点であると総括された。

一つは、供給力の確保に主眼が置かれ、需要家の選択行動を活用して「需要を抑制することで供給力に余裕を持たせる」との視点に乏しかったこと。次に、「分割された区域内における供給」に重点が置かれ、全国規模での最適需給構造を目指すとの視点に乏しかったこと、とされた。

一方、並行して進められた第三次エネルギー基本計画策定に向けた議論では、大規模集中電源に大きく依存する既存の電力システムに潜む根本的なリスクに対応するためには、分散型の次世代システムが必要で、それを支える送配電ネットワークの強化・広域化や、送電部門の中立性を確保することも重要な課題であると指摘された。

これらの議論を踏まえ、経済産業省に設置された「電力システム改革専門委員会」において具体的な検討が進められ、2012年7月に「電力システム改革の基本方針―国民に開かれた電力システムを目指して―」が、また、2013年2月に「電力システム改革専門委員会報告書」がそれぞれ取りまとめられた。

政府は2013年4月、「電力システム改革に関する改革方針」を閣議決定し、電力システム改革が本格的に始動することとなった。

◆需要側の運用が調整資源に

2013年4月に閣議決定された「電力システム改革に関する改革方針」では、電力システム改革の目的として、
①安定供給を確保すること
②電気料金を最大限抑制すること
③需要家の選択肢や事業者の事業機会を拡大すること
——の3点が掲げられた。

これを出発点に論議を積み重ね、「広域系統運用の拡大」「小売り全面自由化」「法的分離の方式による送配電部門の中立性の一層の確保」という3段階からなる「電力システム改革」が施行された。この電力システム改革の施策は、2020年4月の発送電の法的分離により全て実施され、今後の電力系統の姿としては、「需給運用の広域化」「需要サイド

図２　デマンド・レスポンスの効果

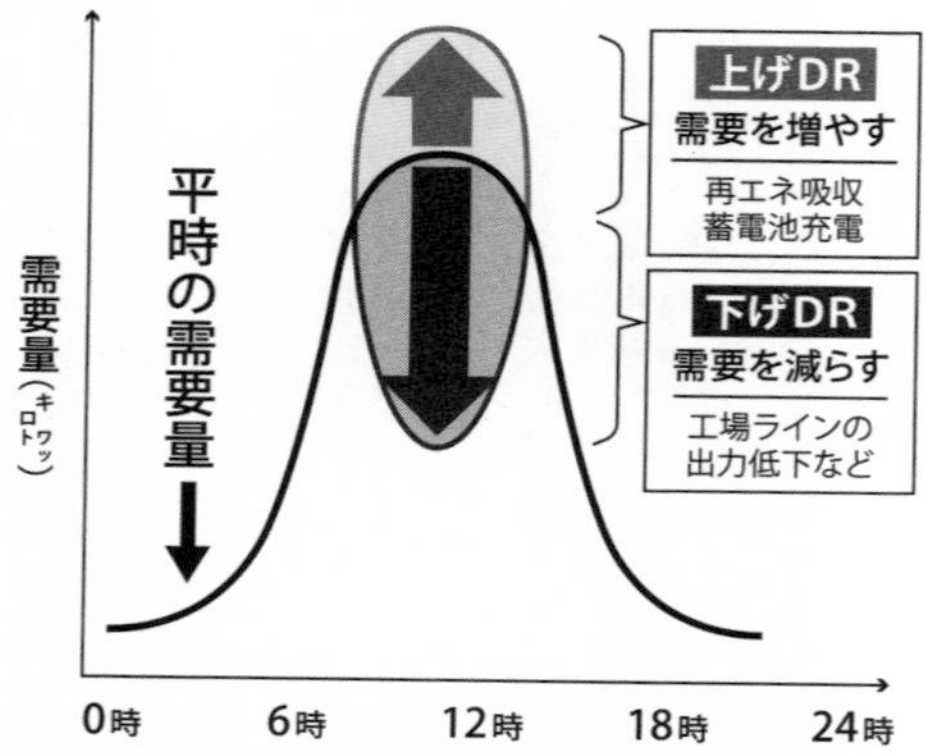

デマンド・レスポンス（DR）による需要制御が供給側の資源として重要な課題に

の能動化」が方向づけられた。

このように、震災前後の電力需給をめぐる環境が大きく変化する中で、震災後は、電力不足時に蓄電池から電力供給する、あるいは需給状況に応じて変動する料金などにより需要を制御するＤＲなど、電力不足への対応が重要課題として重みが増した。

ＤＲによる節電は「ネガワット」（負の消費）と呼ばれる供給力とみなすことができるのである。全体の供給力から見れば個々の規模は小さい「ネガワット」ではあるが、これらを束ね、さらには自動応答化により需要側の電力消費をより確実に制御できるようになると用途が拡大し、「周波数維持のための調整力」「系統混雑解消のための潮流調整力」として有効活用されていくものと見込まれている。

また、電力系統の周波数や電圧を一定の範囲に収めるなど電力系統の安定運用に必要なサービスを「アンシラリーサービス」と呼ぶが、太陽光、風力など激しい出力変動を伴う自然変動型の再生可能エネルギーを大量導入するためには、従来型の火力・水力発電による調整電力だけでは不足する可能性があり、DR、蓄電池、分散型電源など需要側が生み出すアンシラリーサービス活用の重要性が増すのである。

従来、需要側に働きかける取り組みとして「デマンド・サイド・マネジメント」が地道に行われてきたが、震災後の供給力不足への不安と、その後の電力システム改革の進展のなかで、需要側のDRが供給側で利用できる「資源」として新たな地位を得たのである。

◆メガトレンドが促す変革

国内外のエネルギー情勢の背景にある脱炭素化などエネルギー産業のメガトレンドは、

その影響力を増しており、「需給運用の広域化」、「需要サイドの能動化」へ方向づけられた〝電力系統〟構造変革を強く促す力となってきている。加えて、菅義偉首相（当時）が2050年ゼロ・エミッションを表明するなど脱炭素化へ向けた動きが加速するなかで、電力システム改革の目的を十分に達成していくためにも、電力系統は脱炭素化時代へ向けて「次世代化」していくことが求められている。

「電力系統」の構造を変革しうるメガトレンドにはいろいろな切り口があるが、ここではあえて幅広に「8つのD」を抽出したい。

①Deregulation（規制緩和・自由化）＝電気事業は、従来の「地域独占、垂直統合」から「全面自由化、発送電分離」

②De-carbonization（脱炭素化）＝化石燃料が非化石燃料へ、脱炭素化へシフト

③Decentralization（分散化）＝従来の集中電源に代表される「集中化」から、分散電源に代表される「分散化」へ

④Depopulation（人口減少）＝経済が高成長から低成長へ、人口ボーナスから人口減少へ、人口分布の偏在化の拡大

⑤Democratization（電力取引の民主化）＝顧客は、従来のマスから個へ、従来のコンシューマーがプロシューマー、自ら発電生産者になれる時代へ
⑥Digitalization（デジタル化）＝エネルギーとITの融合による価値創出
⑦Devastating Natural Disaster＝自然災害の激甚化・広域化
⑧Degradation due to aging＝電力設備自体の高経年化

8つの「D」のうち①「規制緩和・自由化」と②「脱炭素化」は既に触れたが、③以降はおおむね次の影響が考えられる。

③「分散化」と④「人口減少」は電源・需要分布を変えるため、これらを面的にカバーする電力系統の骨格、ネットワークトポロジー（点と線でモデル化されたネットワークの接続形態）を大きく変える。

⑤「電力取引の民主化」は電力系統を形成・運用する際に需要家の関りが広がり、かつ強くなる。

⑥「デジタル化」は社会・経済・生活関連データとの連携などによって新たな系統利用や新たなビジネスモデル、他インフラと統合などの可能性を広げる。

⑦「自然災害の激甚化・広域化」は電力系統自体のレジリエンス強化と需要サイドに分散配置されるエネルギー資源の非常時活用を促進する。
⑧「電力設備自体の高経年化」は設備更新のソリューションに次世代化の工夫を求める。

◆次世代系統が目指すもの

ここまで「電力系統」とひとくくりにしてきたが、「電力系統」はその役割に応じて「基幹系統」「地域供給系統」「配電系統」で構成される。

「基幹系統」は、電力系統全体の骨格をなし、全系統に重要な影響を及ぼす。電圧階級27万5千V以上の系統に接続される発電所からの電源送電、域外との電力融通、電源送電線を連系し、需要地へバランスよく送電する役割を担う。一方、「地域供給系統」は、主として地域に面的に広がる配電用変電所、特別高圧需要への電力供給の役割を担い、「配電系統」は、配電用変電所から受電した電力を高圧需要と柱上変圧器を介して低圧需要へ電力供給する役割を担っている。

「電力系統」は3つのレイヤーで構成されるが、本書は、「需要の能動化」に代表される需要サイドの変貌が及ぼす影響を特筆できるよう、地域に面的に広がる需要への電力供給を担う電力系統を一括して「需要地系統（地域供給系統＋配電系統）」として扱い、「基幹系統」「需要地系統」の2つのレイヤーで構成されるものとして論じていきたい。

さて、次世代の電力系統がどういう方向に進むのか。これは本書の主要テーマである。政策動向やメガトレンドの文脈からまず読み取れることは、次世代電力系統には、再生可能エネルギーの主力電源化に対応できる機能を有する系統の構築、主力を担う自然変動型電源の変動性や不確実性に対する柔軟性の高い系統が求められる一方、自然災害の過酷化・広域激甚化、社会の電力依存の高まりに対応した電力インフラとしてのレジリエンス、強靭性・回復復元性を有する系統が求められるということである。

主力電源としての再生可能エネルギーには、適地が需要圏から遠隔の地域に偏在する風力発電などを競争電源として活用するケースと、地産地消など地域電源として活用するケースがあり、前者は基幹系統の広域整備、後者は需要地系統の整備が必要になる。

レジリエンスをみると、電力系統自体の強靭化とともに広域運用が拡大される基幹系統では、広域化の負の側面である「事故波及拡大による大規模停電防止」の対策が求められる。一方、需要地系統では、需要サイドに分散配置されるエネルギー資源を非常時に活用することで生活継続・事業継続に役立つ新機軸などが必要になる。

◆階層ごとの役割にも変化

次世代電力系統には、再生可能エネルギーの主力電源化に対応できる大きな柔軟性、一方で自然災害の過酷化・広域激甚化、社会の電力依存の高まりに対応したレジリエンス、強靭性・回復復元性が求められる。

これらに加え、新しいタイプの需要から生み出されるイノベーション（次世代技術・新ビジネスモデル）の可能性を見据えた電力ネットワークの高度化が求められる。多数の分散型電源をデジタル技術でまとめて制御・活用するアグリゲーターや、個人間で取引を行うP2P（ピア・トゥ・ピア）などから生み出される分散化、双方向化、最適化が、特に需要に近い需要地系統の高度化を促進すると見込まれるのである。

総括すると「基幹系統」では、全国規模での再生可能エネルギーの最大限の導入とレジリエンス強化を進めるために、基幹系統の増強、調整力の増強、デジタル技術を活用した需給の広域運用など、全国大での広域化が進展していくと考えられる。

一方、需要サイドの変化は「需要地系統」の変化に直結する。プロシューマー化する需要サイドにおけるRAB（リソース・アグリゲーション・ビジネス）、V2G（電気自動車から電力系統への接続）、マイクログリッドなどの普及に応じて、需要地系統は、電気の流れの多方向化、P2P取引などに対応できる高度化が必要である。分散型リソースを最大限活用した3E＋S（安全性を大前提にして、自給率、経済効率性、環境適合の追求）の高度化、新たなビジネスの基盤を担う姿に進展していくと考えられる。

また、電力データ活用による多様なビジネスモデル創出、他インフラとの統合など、新たな可能性も期待できる。

電力ネットワークの高度化に伴い、事業者にも役割の変化が生じると考えられる。例えば、一般送配電事業者から譲渡、または貸与された配電系統を維持・運用し、託送供給および電力量調整供給を行う配電事業者や、自家発電などの分散型電源を束ねて供給力や調整力として活用するアグリゲーターなどである。

また、山間地域などにおいて、一般送配電事業者が系統運用と小売供給を一体的に行う仕組みの導入も検討されている。新たな事業者の参入を促すためにも、多様な事業形態に対するライセンス制の導入が急務となっている。

まとめると、脱炭素社会へ向けて次世代電力系統は、基幹系統は広域化へ、需要地系統は分散化へとそれぞれの役割に沿って向かう方向性の違いが鮮明になってきた。

◆重要性増す司令塔の機能

「広域化する基幹系統」と「分散化する需要地系統」からなる電力系統は、発電・送電・変電・配電・需要設備が統合されたシステムである。このことから、それぞれが独自に振る舞うのでなく、系統一貫の調和がとれた計画・設計・運用・保守の下で最高度のパフォーマンスを発揮し、社会的便益（3E+S）を最大化することが必要である。

脱炭素社会へ向けて、再生可能エネルギー発電事業者、配電ライセンス事業者、アグリゲーション事業者など系統利用に関わる新たな主体も増え、多様化していく。そうした中で、広域化する基幹系統と分散化する需要地系統は、両者が統合されたシステムとして全体最適を実現する必要がある。系統の計画・設計段階での相互協調、運用段階でのより高度な一体運用・制御の実装などにより、系統一貫の調和をけん引する司令塔機能が重要さを増す。

また、電力系統の形成・維持運用は、マイクロ秒、ミリ秒から月、年と幅広い時間単位の要件を満たすことが必要である。

例えば、電力系統の形成のための設備投資は中長期的な展望の下で意思決定されるが、短期的な系統運用と調和がとれるよう緻密な設計が必要となる。こうした時間軸での調和をけん引することも前述の司令塔の重要な役割である。

一方、電力系統の形成に当たっては、従来、需要想定の上振れ・下振れ、電源開発計画の変更など「将来の不確実性」へ柔軟に対応することを重要な設計思想としてさまざまな工夫が創意されてきた。加えて脱炭素社会へ向けては、自然変動型再生可能エネルギーの変動性と不確実性、グリーンエネルギー技術・分散型エネルギー資源などの普及の不確実性、関連する制度の実効性に関する不確実性など、新たな不確実性への考慮が必要になる。こうした不確実性への柔軟性をどう合理的に確保していくかは、今後の司令塔の役割としてますます重要となる。

次世代電力系統へ移行するためには、要素技術や系統エンジニアリングだけでなく、制度の革新を含めた調和のとれた総合的な取り組みが必要となる。必要な投資を確保しつつ、どのように電力系統にかかわるコストを低減するか、必要となる費用を誰がどのように負担するか、という問題への対処がなければ画餅に帰することになる。

こうした問題意識の下、「電力系統」が、脱炭素社会へ向けてどう変わろうとしているか、歴史を振り返りつつ展望したい。

【第一章】メガトレンド・8つのD

電力系統の変化を促すものは何か。メガトレンドは8つの「D」——①自由化（Deregulation）②脱炭素化（De-carbonization）③分散化（De-centralization）④人口減少（Depopulation）、⑤電力取引の民主化（De-mocratization）⑥デジタライゼーション（Digitalization）⑦自然災害の広域化・激甚化（Devastating National Disaster）⑧電力設備の高経年化（Degradation due to aging）——で表すことができる。

1．電力自由化の流れ（Deregulation）

１９６４年に成立した電気事業法は、発送電一貫の一般電気事業者による地域独占を認める代わりに、料金規制と供給義務を課した。改革は１９９５年に始まり、まず発電部門に競争原理が導入された。２０００年からは小売市場が部分自由化された。当初は特別高圧限定だった自由化範囲は、２００４年から高圧５００キロワット以上、２００５年からは高圧全域に拡大した。

その後、小売全面自由化はいったん見送られたが、東日本大震災を経て事態は急展開する。経済産業省の電力システム改革専門委員会は2013年2月、3段階の改革を求める報告書を作成。政府はこれを土台に「電力システムに関する改革方針」を閣議決定し、戦後から続く電気事業体制の大転換を図った。

この改革は、震災や原子力事故によって安定供給への不安が生じる中、電力系統を広く開放し、多様な発電設備やデマンド・レスポンス（ＤＲ）の活用を促すという趣旨だ。まず、2015年4月に電力広域的運営推進機関（広域機関）を設立し、2016年4月に小売全面自由化、2020年4月に発送電分離を実施した。全面自由化から5年で競争は着実に進展し、新電力は700者を超えた。

自由化の波は配電事業にも及んだ。2020年6月にエネルギー供給強靭化法が成立し、2022年4月から配電事業がライセンス化された。自由化で先行する欧州は、もともと多数の配電事業者が存在し、スケールメリットを追求して経営統合が進んだ。日本は逆に、これから配電が分散化していく。

従来も、自営線を使ったビジネスは可能だったが、設備投資がかさむ。第三者が一般送配電事業者から設備の譲渡や貸与を受け、配電事業に参入できる環境を整える。貸与が認められた点は、世界的にもユニークだ。

配電事業者は、街区単位で配電網を運用する。災害時には系統を切り離し、分散型エネルギー資源（DER）を生かして、エリア内の供給を継続するといった役割も期待される。デジタル技術に強い事業者が参入すれば、設備増強を回避しながら再生可能エネルギー導入量を増やせる可能性もある。

一連の電力システム改革によって、電力供給体制は大きく変わった。発送電一貫の旧一般電気事業者は、需要の伸びに合わせて発電設備と送電設備を一体的に建設してきた。日本は海外に比べ立地の制約が多く、建設には10年単位の時間がかかる。日々の運用面でも需要の変化に合わせて、運転する発電設備の組み替えや、発電・送電設備の工事の日程調整が必要になる。建設から運用・保守までの一貫体制を取ることが合理的だった。

小売全面自由化と同時にライセンス制が導入され、供給義務を一手に担う「一般電気事業者」が消滅。供給力確保義務を負う小売電気事業者と、周波数維持義務を担う一般送配電事業者の役割分担となった。発送電分離後は一般送配電事業者が別会社化され、本格的な分業体制に移行した。

自由化が進展する中で課題も見えてきた。発電設備の建設・維持コストの回収が担保されていた規制時代と違い、市場取引を通じてコストを賄う必要がある。だが、卸電力市場では、一般電気事業者が買い取ったＦＩＴ（再生可能エネルギー固定価格買い取り制度）電力が時には供給過剰となり、市場価格が1銭しかつかない場面もある。

市場価格が低迷すると、発電事業者は固定費を回収できず、既設設備を維持できなくなるほか、新規投資も停滞する。理論上、供給力が手薄になれば市場価格が上昇し、投資インセンティブが生じるといわれる。しかし、発電設備の建設リードタイムの長い日本で

図３　全面自由化前後の各事業者の位置付け

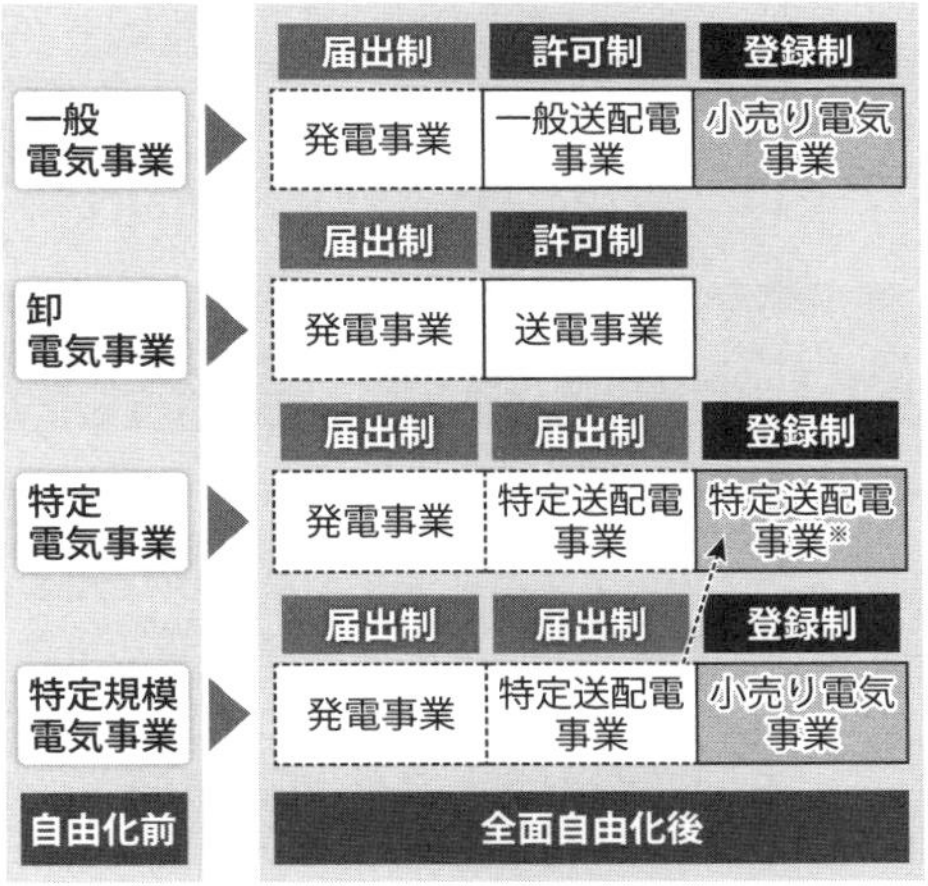

※小売供給に該当する部分

は、将来的に供給力が不足する恐れがある。

　そこで、発電設備が持つ価値をきちんと評価し、安定供給に必要な機能を市場取引によって確保する方向性が決まった。

　電力量（キロワット時価値）を取引する卸市場に加え、供給力（キロワット価値）を取引する容量市場が立ち上がり、２０２０年度に初入札が実施された。また、一般送配電事業者が調整力（デルタ・キロワット価値）を調達する需給調整市場が創設され、２０２０年４月から取引が一部始まった。発電設備やＤＲを稼働できる状態にしておくことで、対価

図4　市場で取引される電気の価値

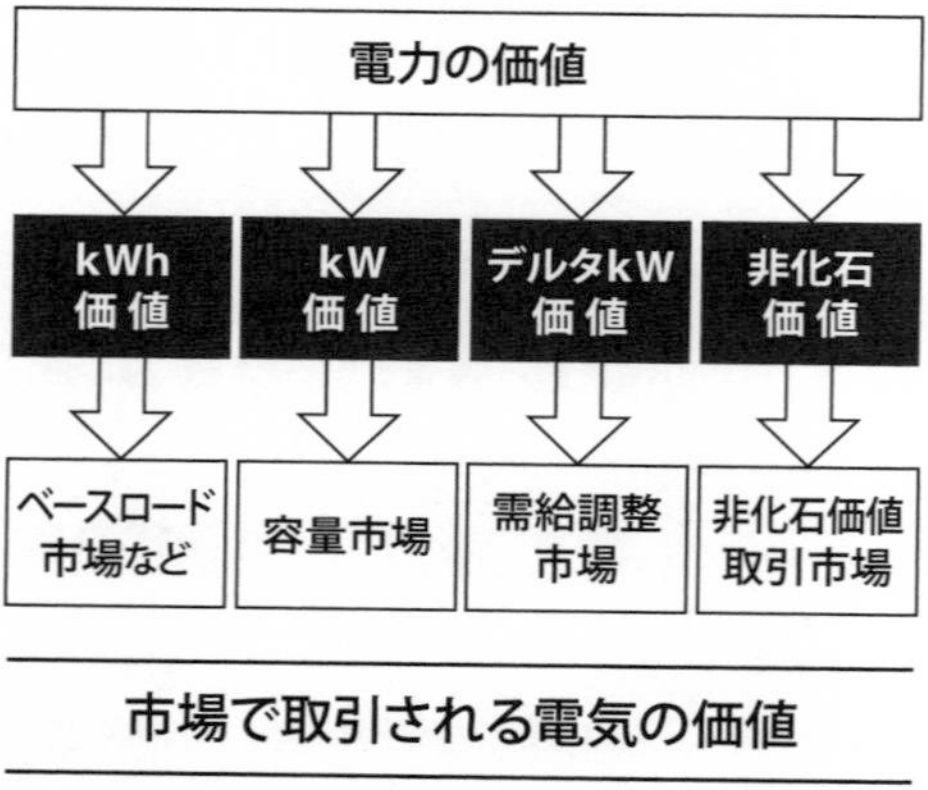

を得る。売り手となる発電事業者やDR事業者は、容量市場で固定費相当、需給調整市場と卸市場で可変費相当を回収するイメージだ。

ただ、容量市場からの収入は1年間しか保証されず、長期的な投資回収の見通しが立たない。そこで、脱炭素電源への新規投資を対象とする新たな入札制度の導入が決まった。名称は「長期脱炭素電源オークション」。2023年度に初入札が実施され、落札電源には原則20年間の容量収入が保証される。

容量市場は4年後の供給力を確保する仕組みで、足元の厳しい需給状況に対応できないという問題もあった。実際、2

021年1月は火力発電所の燃料不足、2022年3月は福島県沖地震による電源脱落、同年6月は季節外れの猛暑で需給が逼迫した。このため、休止電源などの立ち上げを促す「追加供給力（キロワット）公募」や、燃料の追加調達費用などを支払う「電力量（キロワット時）公募」などの対策を講じた。

さらに容量市場を補完する仕組みとして、休止電源を一定期間維持する「予備電源制度」も検討されている。

旧一般電気事業者が担っていた機能を市場取引によって実現できるか。電力供給体制を巡ってはまだ紆余曲折がありそうだ。

2. 脱炭素化（De-carbonization）

2020年10月、菅義偉首相（当時）は就任後初の所信表明演説で、2050年までに温室効果ガスの排出を実質ゼロにし、カーボンニュートラルの実現を目指す、と宣言した。年間約12億トン排出している温室効果ガスの大幅削減を大前提に、森林による二酸化炭素（CO_2）吸収効果や、大気中のCO_2を回収して地中に埋めたり再利用したりする「ＣＣＵＳ」も組み合わせる。この目標は5月に成立した改正地球温暖化対策推進法にも明記され、政策の継続性が担保された。

２０５０年のカーボンニュートラル宣言は国際的な流れで、１２０を超える国・地域が表明している。背景の一つはパリ協定で、２０１５年にパリで開かれた国連気候変動枠組み条約第21回締約国会議（ＣＯＰ21）で合意した。世界の平均気温上昇を産業革命前に比べて１・５度未満に抑える努力目標が盛り込まれた。

国連気候変動に関する政府間パネル（ＩＰＣＣ）は２０１８年にまとめた報告書で、１・５度目標を達成するには２０５０年頃のカーボンニュートラルが必要と指摘している。

民間レベルでも、投資先の環境対応を重視する「ＥＳＧ（環境、社会、企業統治）投資」が急速に広がっており、企業はもはや脱炭素化の波にあらがえない。

電力部門では、再生可能エネルギーをどこまで拡大できるかが鍵を握る。特に洋上風力は２０３０年に1千万キロワット、２０４０年に3千万～４５００万キロワットの導入目標が掲げられ、開発適地と需要地をつなぐ大規模な送電網の建設計画も進んでいる。

このほか、水素利用や水素とCO_2からメタンを合成する「メタネーション」などのイノベーションも期待される。再生可能エネルギーの発電電力を使って水素を製造・貯蔵し、燃料や原料にする技術が確立されれば、供給側と需要側双方の脱炭素化を早める相乗効果を生み出せる。

非電力（産業・民生・運輸）部門では、徹底した省エネルギーと同時に、熱需要や製造プロセスなどのエネルギー転換が求められる。本命は電化だ。電源の脱炭素化と電化を並行して進めれば温室効果ガスの大幅削減につながるため、ＥＵや英国、国際エネルギー機関（ＩＥＡ）も有望な脱炭素手段と位置付けている。今後、産業用ヒートポンプの高温化やコスト低減のための技術開発、電気自動車（ＥＶ）と充電インフラの導入拡大などが進展する見通しだ。

脱炭素化への対応は待ったなしだ。政府は２０２１年4月、２０３０年度の温室効果ガス排出削減目標を２０１３年度比26％減から46％減に引き上げることを決定。米国主催の気候変動に関する首脳会議（サミット）で世界に発信した。従来は、技術面・コスト面から実行可能な対策を積み上げて目標を設定していたが、この時は２０５０年のカーボンニュートラル目標と整合性を取るため、菅首相の政治判断で目標を上乗せした。

図5　第6次エネルギー基本計画の電源構成案

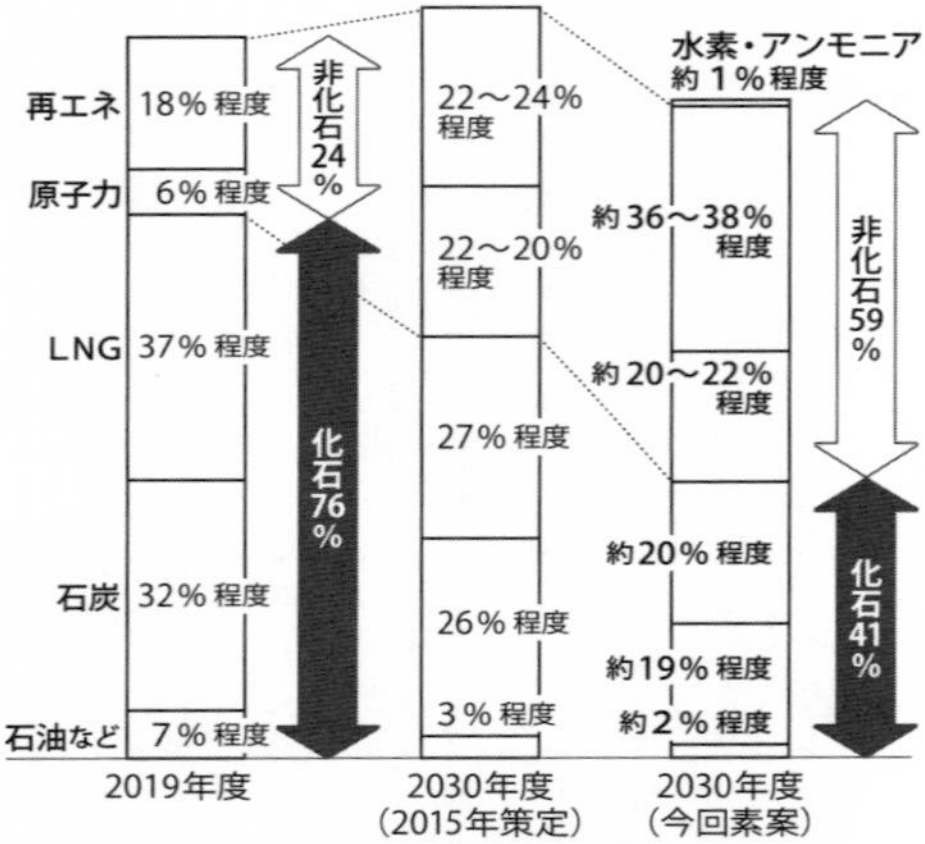

第6次エネ基の電源構成案

これを踏まえて経済産業省・資源エネルギー庁は2021年7月、第6次エネルギー基本計画の素案を公表した。エネルギー需給見通しを「野心的な想定」と位置付け、2030年度の総発電電力量に占める再生可能エネルギーの割合を36〜38％とした。一方、原子力は20〜22％を据え置き。LNG（液化天然ガス）は27％から20％、石炭は26％から19％に引き下げた。

再生可能エネルギー導入量は現行目標の22〜24％に比べ、大幅に積み増した。ただ、導入可能性を踏まえて精緻に数字を積み上げたものではなく、素案を示した総合資源エネルギー調査会（経産相の諮問機関）の委員からは「リアリティーに欠ける」との意見が出るなど、一部から疑問視もされている。

脱炭素が進むにつれて、高度な系統運用技術が求められる。

太陽光発電や風力発電は出力変動が大きく、調整力の確保が課題だ。また、インバーターを介して系統に接続する機器が増えると、発電機の回転エネルギー（慣性力）によって保たれている系統の安定性が低下する。このため、原子力発電の活用に加え、水素・アンモニアの発電利用や、排出するCO_2を貯留・再利用するＣＣＵＳ付きの火力発電も有望な選択肢とされるが、技術はまだ発展途上だ。

電力広域的運営推進機関（広域機関）は２０２１年8月、早ければ２０３０年までに慣性力の調達が必要になるとの見通しを示した。再生可能エネルギー比率36～38％を前提とした場合、東日本では２０３０年断面で同期発電機や同期調相機の追加調達が必要になる可能性があるという。調達方法は、同期発電機が日々の市場、同期調相機は年間公募が想定される。今後、国とも連携して調達時期を検討する。

電源の脱炭素化が加速するのと同時に非電力部門が電化に向かえば、電力の使い方も多様化し、系統運用はますます複雑化することが予想される。

3. 分散化（Decentralization）

従来の電力供給形態は、遠隔地にある大容量発電機から需要地に向かって一方向に電力を送る大規模集中型が基本だった。スケールメリットを生かし、発電効率を高めることで、環境負荷やコストを下げる効果があった。

転換点は東日本大震災だった。需給逼迫を受け、再生可能エネルギーを活用した自立分散型への移行が始まった。特に太陽光発電が急増し、電力の消費者が発電にも参加するプロシューマー（生産消費者）が存在感を増した。

2012年7月に導入されたＦＩＴが、その流れを強力に後押しした。初年度は、太陽光発電に1キロワット時当たり40円以上の買い取り価格が設定されるなど、手厚い支援を受けた。一方向だった電気の流れにも変化が表れ、配電用変電所から上位系統に逆流する現象がみられる。

ＦＩＴ頼みの再生可能エネルギー拡大策は曲がり角を迎えた。大規模案件は固定価格買い取りから入札制に順次移行し、小規模案件も買い取り価格が半額以下に下落した。それでも、拡大傾向は止まらない。

背景には、企業の意識変化がある。ＥＳＧ（環境、社会、企業統治）投資が浸透し、外資系企業が先導する形で、使用電力を全て再生可能エネルギーで賄う「ＲＥ１００」への加盟が始まった。カーボンニュートラル宣言や米バイデン政権の発足で脱炭素化が不可逆的になると、この流れが加速した。先進的な企業は、電気を買うことで再生可能エネルギーの新規開発につながるかどうかを重視する。これを「追加性」という。

ニーズを満たす手段の一つは、自家発電・自家消費だ。敷地内にスペースがない場合は自己託送により、遠隔地の発電設備から既設の送電網を使って受電する。近年は、需要家が再生可能エネルギー事業者とＰＰＡ（電力購入契約）を締結する「コーポレートＰＰＡ」が急増している。電力を長期間、固定価格で売買する契約を結ぶことで、電源開発資金を調達しやすくなるため、追加性を確保できる。

供給形態は、自家消費用の電源を需要家の敷地内に置く「オンサイトＰＰＡ」と、敷地外から供給する「オフサイトコーポレートＰＰＡ」の2種類。追加性を確保した形でＲＥ１００を実現するには、敷地の制約を受けないオフサイト型は必須の仕組みだ。再生可能エネルギーを巡る争奪戦が今後激しくなりそうだ。

再生可能エネルギーの開発が進むにつれて、余剰電力を使い切るための定置型蓄電池や「動く蓄電池」と呼べる電気自動車（ＥＶ）の普及拡大が見込まれる。人工知能（ＡＩ）やＩｏＴ（モノのインターネット）技術の進展に伴い、卸電力市場価格などに連動した電気料金（ダイナミックプライシング）を導入すれば、料金の安い時間帯に充電し、高い時間帯に活用することが可能になった。

このほか、蓄熱槽に熱を蓄える時間や、ヒートポンプ式給湯機でお湯を沸かす時間を自動制御することも、余剰電力の有効活用につながる。太陽光発電や風力発電が普及すると、これまでの需要変動のみならず供給力まで大きく動く。

一方、再生可能エネルギー発電量が増えれば、それに押し出される形で火力発電の稼働率は下がり、採算性が悪化する。中長期的には、従来火力発電が担ってきた調整力の不足が懸念される。このギャップを埋めるには、需要家側にある膨大な数の太陽光や蓄電池、蓄熱槽などを活用するしかない。

そこで、アグリゲーター（特定卸供給事業者）と呼ばれる仲介事業者がこれらのＤＥＲを集約し、統合制御する「アグリゲーション・ビジネス」が注目されている。アグリゲー

図6　アグリゲーターの役割

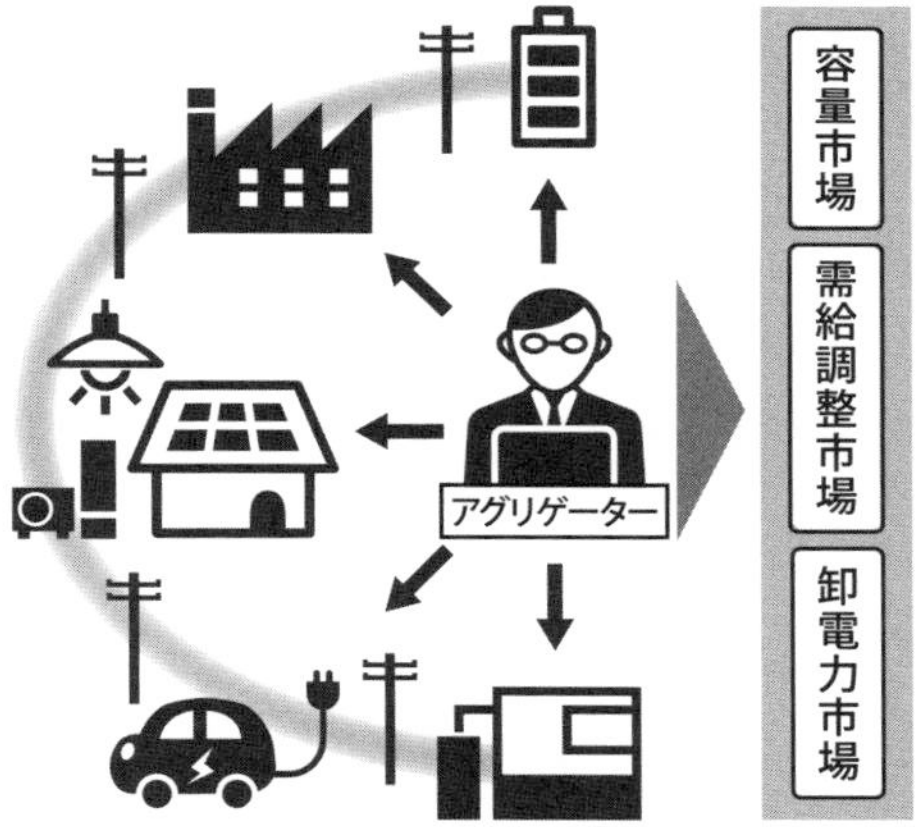

需要地系統はDER活用で進化する

ターは2022年度から電気事業法上の位置付けを与えられ、ライセンス化された。

　このビジネスの一形態はDRだ。需要側にある機器を制御して需要を変化させる取り組みで、工場の生産調整や自家発の活用という形で実用化されている。全面自由化のはるか前から、需給逼迫時に需要を下げる契約は存在したが、割引制度の一面もあった。現在はビジネスモデルが確立され、DRが生み出す供給力（ネガワット）や調整力は電力市場で取引されている。

　もう一つの形態はVPP（仮想発電所）。ネガワットにとどまらず、電力系統への逆潮流でポジワットを供給する。個々の発電・蓄電能力は小さくても、数を増やして統合制御すれば一つの発電所のように機能することから、その名が付いた。今後、再生可能エネルギーの買い取り方法がＦＩＴからＦＩＰ（フィード・イン・プレミアム）に移行すると、再生可能エネルギー事業者自身が発電量の予測誤差を埋める必要があるため、その調整機能としても活用される見通しだ。

電力を買うだけだった需要家が新たな価値を提供することで、「需要地系統」の高度化が促進されていく。

4．人口減少（Depopulation）

日本の総人口は２００８年の１億２８０８万人をピークに減少傾向にある。国立社会保障・人口問題研究所の推計（２０２３年度版）によると２０３０年には１億１９１３万人となり、２０５６年には１億人を割り込む見通しだ。電力需要にも同様の傾向が見られる。電力広域的運営推進機関（広域機関）によると、最大電力は２００８年の１億７８５

1万キロワット、需要電力量（使用端）は2007年の9247億キロワット時をピークに下降線をたどる。

広域機関は、旧・日本電力調査委員会（EI）時代から、10年先までの需要想定を毎年公表している。

これまでは将来の経済成長などを見込んで右肩上がりの線を描いていたが、2018年度からマイナス予想に転じた。人口減少のほか、省エネの進展や太陽光発電の自家消費拡大などを織り込んだ。

今後10年間の想定をみても、国内総生産（GDP）はプラス成長にもかかわらず、最大電力は2020～2030年度に平均0・1%減少し、2030年度はピーク時比で12%減少した。需要電力量は、2020年度のコロナ禍の反動で年平均伸び率は0・1%のプラスだが、2030年度には、同じくピーク時比12%減を見込む。省エネルギーや再生可能エネルギー導入拡大、経済の低迷などによって減少傾向に拍車がかかる可能性もある。

系統の発電機で賄う「残余需要」が減少すると、電力供給のコスト上昇圧力が高まる。電力設備は他のインフラと同様、総コストに占める固定費の割合が高いためだ。効率化インセンティブの働く託送料金制度（レベニューキャップ制）が2023年度に導入されたが、設備利用率の低い再生可能エネルギーの導入拡大に合わせて、送配電設備が増強されれば、採算性の悪化は避けられない。

人口減少のスピードは地域によって差があり、過疎化が進む地域では早く問題が顕在化する。設備管理の担い手不足や設備の老朽化も深刻で、生活に欠かせないインフラの維持管理が難しくなりつつある。自治体の財政逼迫を受け、公営の水道、下水道、ガスの民営化を検討・実行する動きもある。

それでも一般送配電事業者は需要がある限り、設備を維持しなければならない。一つの解として注目されるのは、コンパクトシティーだ。人口密度を高めて電力を含むインフラを集約し、デジタル技術を使って効率よくサービスを提供する。人口減少と過疎化は、電力と他のインフラサービスを融合した公共モデルの登場や、設備形成の変化をもたらす引き金になる可能性がある。

５．電力取引の民主化（Democratization）

２０１６年4月の電力小売り全面自由化によって、工場から一般家庭まですべての需要家が小売電気事業者を自由に選べる時代になった。開放された市場に商機を見出し、ガス、通信などの異業種が続々と参入。新電力数は７００者を超えるまで増えた。同時に、発電設備を保有する需要家・プロシューマーの売電先が広がった。従来は大手電力にほぼ限定されていたが、新電力やアグリゲーターなどが選択肢に加わった。これまで供給側の論理優先だった電力取引は、供給側と需要側のパートナーシップの下で市場メカニズムを最大限活用する形に変わる。

発電側と需要側の企業同士を結び付けるコーポレートＰＰＡもまた、変化を象徴する取引形態の一つだ。需要家の敷地内に自家消費用の電源を置くオンサイトＰＰＡは、既に多くの事業者がサービスを提供している。敷地外から供給するオフサイトコーポレートＰＰＡは海外で先行し、日本でも最近急速に普及し始めた。

図7　オフサイトコーポレートPPA

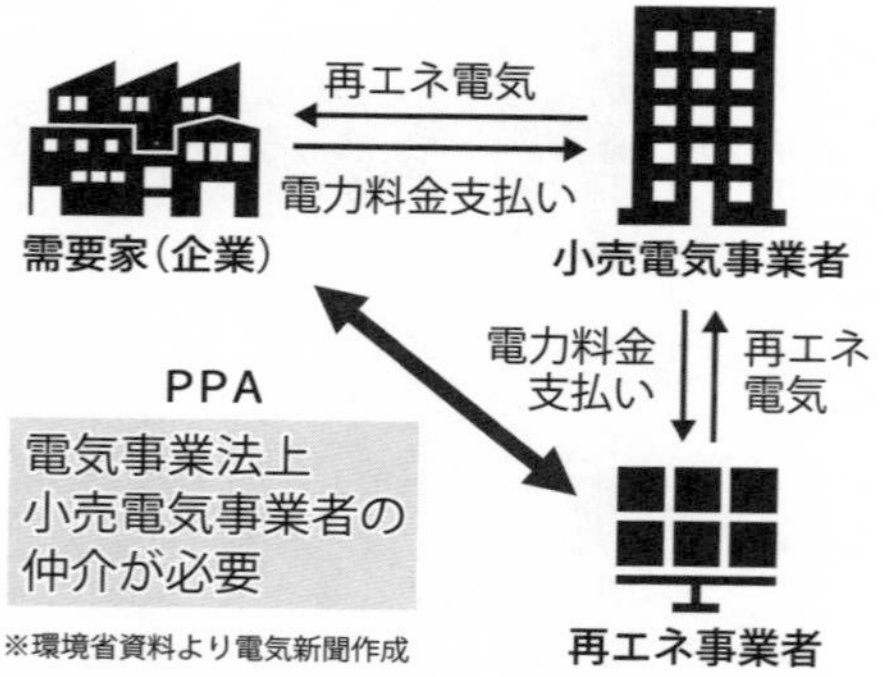

オフサイトコーポレートPPAの仕組み

日本は電気事業法上、発電事業者から需要家に電力を直接供給できないが、小売電気事業者が仲介することで事実上実現できる。そのために小売電気事業者などが運営するP2P（ピア・ツー・ピア）取引プラットフォームも立ち上がってきた。

卸電力取引所はライセンスを取得した発電事業者や小売電気事業者しか参加できないのに対し、このプラットフォームは「アマチュア」の需要家やプロシューマーが直接参加できる。消費者同士が電力を売買する取り組みも実験的に始まっているほか、今後はEVをはじめ新たなリソースが増える見通しだ。ますます取引は活発化し、電気の流れは多方向化が進む。

Ｐ２Ｐ取引が至る所で行われるようになると、系統運用の在り方も大きく変わる。各リソースのデータを中央に吸い上げて統合制御するのではなく、変電所やスマートメーター（次世代電力量計）ごとにデータを処理して自動制御する「エッジ化」が進む。一方では、送配電網からデータを集め、系統の混雑状況や混雑料金、取引可否判定などの情報を広く発信する必要がある。それを担えるのは一般送配電事業者以外にあり得ない。規制によらず、民による市場メカニズムを活用して脱炭素化や経済効率を実現する上では、一般送配電事業者の役割は一段と重要になる。

6．デジタル化（Digitalization）

電力供給形態が大規模集中型から自立分散型に移行すると、需要家側にある膨大な数の太陽光発電や蓄電池、ＥＶ、ヒートポンプ機器などのＤＥＲを使って需給のバランスを取ることになる。鍵を握るのはデジタル化だ。

あらゆるモノがインターネットでつながるIoT時代には、膨大なデータが集まる。一方、コンピューター処理能力や、扱えるデータ量の飛躍的向上によってAIが進化。データの処理・分析にかかる時間やコストは大幅に削減された。

IoTや高速通信を活用してDERを相互に連携させ、脱炭素化やレジリエンス（強靭性）強化に役立てる試みも始まった。東京電力パワーグリッド（PG）と関西電力送配電は2020年8月、産学連携協議会「スマートレジリエンスネットワーク」を設立した。各企業に分散するエネルギーやデータ、さらには人的リソースをつなげる基盤を、民間主導で確立する狙いだ。

デジタル化は既存の送配電事業の進化も促す。例えばテレビゲームで話題になった、現実世界に仮想世界を重ねて表示するAR（拡張現実）。IoT、AIと組み合わせることで、現実世界を仮想空間上に再現できる。それがまるで双子のようなことから「デジタル・ツイン」と呼ばれ、設備管理や系統運用への活用が期待されている。

ドローンで撮影した設備の画像などから3次元モデルを構築すれば、状態変化をリアルタイムで監視できる。リスクの可視化や作業員の安全確保、設備の運用効率向上などのメリットもある。送配電網の運用データを加えると、系統状態のリアルタイム監視や再生可能エネルギーの出力予測などが可能だ。

また、デジタル化は、データから新しい価値を生み出す流れを加速させた。東電ＰＧや関西送配電などが出資する株式会社ＧＤＢＬでは、スマートメーターのデータと異業種のデータを掛け合わせ、自治体の防災計画や暮らしの新サービスに役立てる取り組みを進めている。

他業界でも、例えば自動車メーカーは「車を売る」ビジネスから脱却し、顧客が求める移動手段をサービスとして提供する「ＭａａＳ（マース）」(Mobility as a Service) を志向する。こうした新しいビジネスが次々と生まれ、産業構造が変わっていく可能性がある。

7. 自然災害の広域化・激甚化（Devastating Natural Disaster）

２０２２年４月から配電事業が「自由化」された。

背景の一つは近年相次ぐ自然災害だ。電力インフラのレジリエンスを強化するため、一般送配電事業者の配電網を活用して、街区単位で系統運用するニーズが高まった。デジタル技術を駆使し、主要系統からの供給が途絶された場合は、DERを使って独立運用できる「災害に強い分散型系統」が志向されている。

自然災害は広域化・激甚化の一途をたどる。2018年の西日本豪雨や北海道胆振東部地震をはじめ、「数十年に1度」レベルの災害が頻発している。電力設備は高度成長期に建設されたものが多く、高経年化が進んでおり、レジリエンス強化は喫緊の課題だ。

記憶に新しいのは2019年9月の台風15号。関東を直撃する台風として過去最大規模で、千葉市の瞬間最大風速は観測史上最高の57・5メートルを観測するなど、記録的な暴風に見舞われた。電力設備も大きな被害を受け、東京電力エリアの停電件数は約93万戸に上った。

投入された復旧要員は、他電力からの応援を含めて約1万6千人と、近年では突出して多く、200台超の高圧発電機車も配備された。それでも復旧時間は約280時間と、その1年前に発生し、主に近畿地方で猛威を振るった台風21号襲来時の2倍以上かかった。

倒木や飛来物によって約2千本の電柱が倒壊した。倒木は交通インフラも遮断し、復旧作業や巡視の妨げとなった。記録的大雨が降った静岡や関東、東北では、電気設備の水没もあり、停電の長期化につながった。

教訓を生かすため、経済産業省の作業部会は2020年1月に報告書を策定。デジタル技術を生かした対策も複数示した。例えば、復旧要員が立ち入れない地域をドローンで撮影し、被害状況を迅速に把握する。被害が広範囲の場合は、衛星画像をAIで解析し、精度の高い復旧見通しを立てる。

社会全体のレジリエンスを高めるには、需要側の対策も重要になる。報告書はその一つとしてDERの導入促進を挙げた。災害時に太陽光発電や蓄電池、コージェネレーション発電設備などが、生活や事業活動の継続に役立ったためだ。これらをアグリゲーターが集約し、供給力の一部として活用すれば、早期の復旧につながる可能性がある。

供給側と需要側、それぞれが対策を講じ、災害時には連携して乗り切る意識や仕組みを醸成することが重要になる。

8. 高経年化 (Degradation due to aging)

送配電設備は1960年代以降、高度経済成長期の電力需要増に合わせて大量に建設された。需要が伸び続けている間は、設備を増強するタイミングで経年設備が早めに更新されていたが、今後はそうはいかない。高経年化設備を経済合理的に改修・更新する工夫が必要になる。

人口減少や省エネルギーの進展、DERの普及によって、系統の利用率が下がれば、一般送配電事業者の託送料金収入は減る。一方、高経年化設備の改修・更新や再生可能エネルギーを受け入れるための設備増強など、収入に結び付かない投資は増える。そうした中でも託送料金の抑制や世界最高水準の供給信頼度が求められる。

設備投資を計画的に効率良く実施するには、アセット・マネジメントが必要だ。設備の状態を把握して、投資案件ごとに費用対効果を評価し、資金をどう最適配分するか見極める。例えば、IoT技術を使って設備のデータを集め、AIで分析すれば、優先順位を付

図８　レベニューキャップ制のイメージ

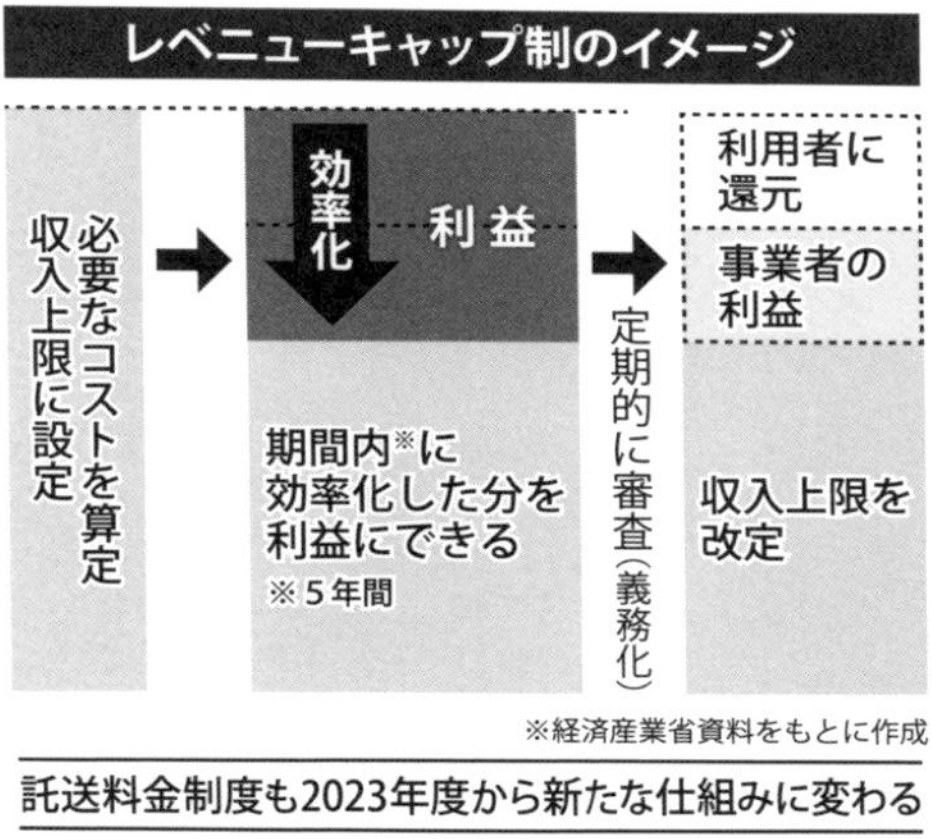

※経済産業省資料をもとに作成
託送料金制度も2023年度から新たな仕組みに変わる

けて対策を打てる。

　現行の託送料金制度で採用されている総括原価方式は、高度成長期のような設備形成が必要な時代には投資回収が行われやすい利点があったが、効率化インセンティブが働きにくいともいわれる。そこで、２０２３年度からレベニューキャップ制が導入された。一般送配電事業者の収入に上限を設け、それを超えない範囲内で託送料金を設定するものだ。収入上限は、５年ごとに見直される。実際かかった費用が収入上限を下回れば事業者の利益にもなるため、積極的な効率化につながると期待される。

　保安・保全にかかわる要員の高齢化・

減少も課題だ。それを補完するのがデジタル技術だ。既に一般送配電事業者は、ドローンや自走ロボットによる設備の巡視点検、スマートグラスの現場適用などに取り組み始めている。収集したデータは統合的に分析し、故障予知による設備保全の高度化に生かされる。この取り組みは「スマート保安」と呼ばれ、電力安定供給確保や保安力の高度化につながることから規制の合理化が検討されている。

一般送配電事業者は、こうしたいくつもの経営課題を抱えつつ、自立分散型の電力供給形態に対応した、新たなインフラへの転換を進めなければならない。規制によらずに事業をどう舵取りするか、手腕が問われる。

【第二章】

次世代系統の方向

第一章で述べた8つのDは実際にどのような変化を促しているのか。デジタル化と分散型エネルギー資源を軸に現在進行中の変化について具体例を見ながら考察する。さらに、その変化は、需要地系統、基幹系統、広域化に対してどのような影響を持つのか。その方向性を探る。

◆小規模分散型から大規模集中型へ

電気事業の黎明期、すべての電源は小規模な分散型電源で構成され、都市や地域に供給されており、主たる需要は電灯だった。

その後の技術革新で、より大規模な電源開発と長距離送電が可能となったこと、また、需要サイドで工場の電化が進んだことが相まって、小規模な分散型から大規模な集中型の電力系統へと発展してきた。

1883（明治16）年に東京電燈が設立され、1887年に日本橋で25キロワット直流発電機から近隣の郵便局や銀行に電灯の一般供給を開始したのが、日本の電気事業の始まりである。続いて、麹町、浅草、京橋、神田に発電所を設置したが、これらは連系がなく、個別に供給するものであった。1896年には、浅草に250キロワット級10機の大容量集中発電所を建設し、相互接続による供給を行った。個別に供給するより、集中のメリットが得られるからである。

すなわち、個別供給では発電機の故障または検査に備えてそれぞれの発電所が予備機を持つが、相互に接続すれば共通の予備機を持てばよい。また、顧客が必要とする電力は時刻によってそれぞれ異なるので、その不等時性から供給設備を少なくできる。さらに、大容量の発電機を設置すれば、建設費を減らすことができるなど、集中のメリットが得られる。こうして電気事業は個別供給から次第に系統連系を広げていくことになる。

1907年、山梨県に駒橋発電所（1万5千キロワット）が建設され、東京都内の早稲田変電所まで76キロメートル・5万5千Vの送電を開始すると、コストの安い水力発電が注目され、地域内に数多くの単独系統が出現した。日本は、国土が狭隘ながら河川に恵まれ、水力発電による電力を単独系統で需要地に送電する形の電力事業が成立しやすい条件があった。まさに、水力電源が「系統」を形作った時代であった。

1939（昭和14）年の電力管理法により日本発送電が発足し、1942年には9つの配電会社が誕生した。それまでの単独系統は、日本発送電の発電所と基幹送電線が全国的に統合される一方、各地域の供給系統は配電会社が所有することとなった。発電と顧客への電力供給とが別の体制だった。

その後、戦時の国家管理による経済統制を経て、1951年の電力再編成により、9つの地域に発送配電を一貫運営する電力会社が誕生。地域ごとに発電から送配電までを行う電力系統が形成された。

◆集中型電力系統の特質

黎明期における電力系統、ことに基幹系統は、電源と需要地を長距離送電線で結び、必要に応じて需要地周辺で変電所間が連系される形態だった。

しかし、旺盛な需要増大に対応し、大需要地に電力を送電するには、特定方向からの供給ルートに依存するのではなく、複数方面からバランスよく供給力を確保することが望ましい。このため、主要な変電所を地理的に分散配置した上で、これらをつなぐ送電線として骨格となる系統（外輪線）を形成し、主要変電所間の連系を強化する考え方で、系統構築が進められてきた。

東京電力の骨格系統でみると、大規模電源の電力を需要地近郊まで効率的に送電する電源送電線の機能に加え、遠隔地からの電力を外輪線で受け止め、その内側の負荷にバラン

図９　東京電力の電力系統イメージ

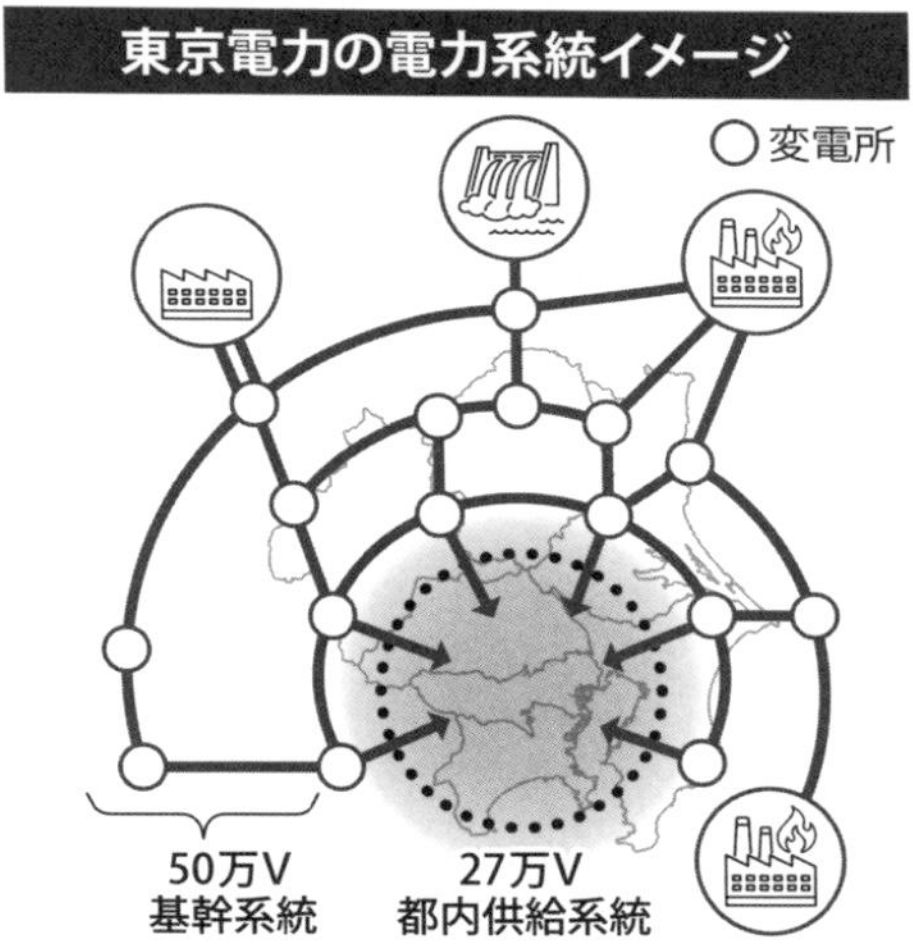

スよく送電するプール化の役割、負荷供給用の超高圧変電所を外輪線上に地理的に分散配置して、都心への供給ルートの多様化をはかる役割を持たせている。

現状、需要地系統に接続される電源は限られるので、この負荷供給機能を持つ変電所を電源とし、地域に面的に広がる需要に電力供給するのが「需要地系統」である。需要地系統は地域密着の系統で、過密圏、発展圏、地方圏と大きく分類し、各地域の構造と需要密度、需要規模などの需要特性を勘案した供給方式で系統を構築してきた。電気の流れは、電源変電所から需要サイドへ一方向であり、放射状の系統構成が採用されている。一方、都市化の進展や需要の拡大に応じ、効率化と供給信頼度向上を目的として段階的に配電線間の連系、変電所間の連系が強化されている。

系統連系は供給信頼度や経済性の向上が期待できるので、電力系統全体の「規模の経済の追求」と考えることもできる。

他方、系統連系の拡大は、事故波及により全系崩壊をもたらす可能性もある「諸刃の剣」でもある。この点に細大の留意を払いつつ、基本的に規模の経済・スケールメリットと、ネットワークの強固な構築を両輪とし、中央集権型制御システムとして発展してきたのが現在の電力系統の形であり、発電所から需要中心へ向けて電力の流れが一方向であること、また需要の変動に発電機が追従する「需要に発電が合わせる」姿が、既存の電力系統の特質といえる。

エネルギー産業のメガトレンド「8つのD」はそれぞれ、電源と需要の構成・分布・利用形態をこれまでとは異なる新たな方向に変えていく。これらが複合的に影響し合い、脱炭素社会へ向け、電力系統の構造や役割が現状からどう変わるのかを考えてみる。

◆次世代系統の方向——DERの普及加速化

1970年代、石油危機を経験した後、大規模集中型の電力系統が追求してきた「規模の経済」への疑問が呈されるようになった。

「イノベーションのジレンマ」で有名なクレイトン・クリステンセンは、米国の電気事業を対象に電気事業の規模の経済の推計を行い、1955年に比べて1970年には規模の経済が低下したと指摘している。(『電気事業の規模の経済』1972年)。また、米国ロッキーマウンテン研究所のエイモリー・B・ロビンズは、その著作『ソフト・エネルギー・パス』(1977年)で、送電などに要する費用や将来の技術進歩を考慮すると、大規模集中電源よりも小規模分散型電源の方が経済性に優れる、と主張した。ロビンズは、『SMALL IS PROFITABLE』(2002年)という書籍も著している。

代表例として太陽光発電を考えてみる。その急増に起因した系統混雑、バックアップ電源の確保に伴う設備率の増加など、系統対策コストが増加していること、普及度合いはF

IT（固定価格買取制度）など政策支援に依存していることなどを考慮すると、現状では小規模分散型の経済性が有利とは断定できないように思える。

だが、「脱炭素化」の流れと相まって、「脱集中化」として、分散型エネルギー資源（DER）の普及が加速していることは事実である。

「脱炭素化」は、発電手段として再生可能エネルギーの主力電源化を進めるが、それにより新たな電力系統安定運用技術を必要とする。需要サイドでは、運輸・熱需要など現在の非電力需要の電化の拡大を推し進める。一方、電化ができない高温熱需要などでは非化石燃料由来の水素の活用（間接電化）が想定される。

電化の拡大は電力需要の増加につながる。しかし、これまでとは構成や分布、利用形態が大きく変わる需要が電力系統に統合されるため、電力系統形成・運用の高度化が必要となる。

「脱集中化」としての分散化は、分散電源、蓄電池などを含むDERの価格低下につながり、その普及拡大により大規模集中電源は経済的優位性が劣後することでバックアップ電源化していくと想定される。

また、DERの普及拡大は、「デジタル化」によって「需要の能動化」が進むことで、電力系統の運用を革新する可能性が大である。さらに「電力取引の民主化」は、需要家が太陽光発電や電気自動車などの設備・機器を導入し、自らエネルギーを生み出すプロシューマーを登場させている。

◆DERと安定供給

このように、普及拡大するDERによる新たな系統運用、新たな価値創出のドライバーとなるのが「デジタライゼーション」だ。

デジタライゼーションによって、電力系統全体との協調の下、地域のエネルギー需給の最適化、ブロックチェーン技術の進歩と相まった「需要側での需給調整・電力取引への直接参加」の促進や「電力データと外部データとの連携」による新たな社会サービスの創出などが期待される。

なお、DERには、コージェネレーションシステム、太陽光発電、燃料電池などの「創エネ」設備のほか、蓄電池、EVなどの「蓄エネルギー設備」に加え、DRの対象となるヒートポンプシステムなども含まれる。
これらのDERは2050年に向け、指数関数的な価格低下と普及拡大が想定されているが、それだけで安定供給を達成させることは難しいと見込まれる。電力の安定供給には、需要に対し適正な発電電力量を確保する「量の確保」に加え、周波数の変動を規定範囲に制御する「質の確保」が必要であるためだ
「人口減少」は省エネルギーの進展と相まって最終エネルギー消費を減少させる。仮に電化率が現状維持でも、人口減少と省エネ進展だけで2050年の最終エネルギー消費は2013年比で約20％の減少となる。これに、電化の拡大が最大限進むと、約50％弱減少する試算だ。一方で、電力需要は電化の拡大により、2013年比で約25％増加するとの試算もある。「量の確保」の点からいえば、2050年に日本全体が必要とする電力需要をDERだけで賄うことは難しいと考えられる。
他方、DERの創エネ設備（分散型電源）だけでは、「質」も確保できない。周波数の維持には、需要と同量の発電が必要で、不測の事態に備えた設備容量の確保、需要の変動に機動的に対応できる調整力が必要だ。太陽光発電や風力発電など自然変動電源はこの機能を提供できない。蓄エネルギー設備やDRが大量導入されない限り、脱炭素化転換され

た大規模集中電源が発電設備容量や調整力を提供することになる。

カーボンニュートラルを目指す日本の電力系統が、集中型電源とＤＥＲが共存する形で発展すると想定される所以（ゆえん）がここにあるが、ＤＥＲの普及度合いに応じて系統の姿や運用は現状とは大きく異なっていく。

◆ＤＥＲ――接続から統合へ

大規模集中型電源とＤＥＲが共存する電力系統とは何かを考えてみよう。

急速に普及拡大しつつあるＤＥＲはほとんどの場合、信頼性や仮想蓄電機能、上流側市場へのアクセスを実現するために系統へつなぎ込まれ、電力系統の価値を享受している。

系統接続がＤＥＲに提供する価値には、電力量の供給以外に、次の５つの価値がある。

①「信頼性」＝系統が有する冗長性の活用による信頼性維持費用の低減

②「起動時電力」＝系統は大型電動機などの起動時に必要な大きな突入電流を瞬時に供給することが可能であり、大きな電圧変動なしに信頼性の高い起動が可能

③「品質安定化」＝系統が持つ慣性力による周波数変動の抑制、多くの発電機が並列した系統が有する電気的特性による電圧変動の抑制など電力品質の安定化の恩恵

④「効率」＝回転機ベースのＤＥＲは最高出力時に最高効率となる。系統接続していれば局所的な負荷に合わせて出力調整をしなくて済む。逆に系統接続がなければ、ＤＥＲは負荷の変動に合わせた設計が必要で、効率が落ちる

⑤「エネルギー取引」＝ＤＥＲ設置者にとって系統接続がもたらす大きな価値は、いかなる容量のＤＥＲであっても必要な時に系統から買電し、余剰時は売電が可能となること

一方、ＤＥＲはその導入量拡大に見合った活用技術と運用方法が開発途上にある。このことから、系統信頼性、電圧、周波数、無効電力供給などの支援能力に関して、その価値は十分実現されていないのが現状である。本来、ＤＥＲと電力系統は競合者ではなく、機能を相互に補完し合う関係であるべきであり、集中型電源とＤＥＲそれぞれの価値は系統上で最大限に引き出されるべきである。これこそが「共存」なのである。現在、多くのＤＥＲが接続されつつあるが、この意味ではまだ、「共存」はしていない。

大規模集中型電源とＤＥＲが共存する電力系統に関して、米国ＥＰＲＩは「ＤＥＲ統

合」というコンセプトを打ち出している。

その価値を十分に引き出し、高品質、高信頼度の電力を供給するためには、ＤＥＲを計画・運用段階で組み入れ、その運用を系統運用と一体化することが必要であり、かつ「接続」から「統合」へ進化させるべきだと指摘する。個々には小規模なＤＥＲだが、導入量の拡大に応じた活用技術と運用方法を開発・整備し、送配電系統計画と運用に組み込むことにより、本来持つべきＤＥＲの価値を実現する必要がある。

◆ＤＥＲの価値の実現

ＤＥＲが系統にもたらす価値には、「系統全体の発電能力、需給調整への寄与」という側面と「ＤＥＲが接続される系統への局所的な寄与」の2つがある。

まず、系統全体への寄与という側面をみてみよう。

ＤＥＲには、電力系統の所要供給力を引き下げる可能性がある。

しかし、例えば太陽光発電が夏季の系統需要を引き下げたとしても、ピークが日没後に起こる系統に対しては供給力削減に貢献できない。一方、日没後の系統需要ピーク時に出力が急減するとしても、火力発電所などの保守点検期間中に発電能力が寄与すれば、昼間の所要供給力の引き下げに貢献できる。

つまり、需給長期計画に基づく系統全体の需要カーブと通年の供給力を詳細に分析し、DERが系統所要供給力引き下げに貢献できるかどうか評価することが必要となる。

次に、DERは新たな柔軟性を経済的に提供する可能性がある。

この「柔軟性」とは需給バランスを図り、周波数を維持するための需給調整力である。周波数を維持するため、さまざまな時間領域や特性の発電調整力があることが求められる。具体的には、火力発電、水力発電を中心として

①発電機の自律的な出力調整（ガバナーフリー）
②中央からの集中制御による発電機の負荷周波数制御（LFC）
③①の調整後、発電機の起動・停止を含む差し替えなどによる最経済的運用への調整
④定常的な経済性を目指す経済負荷配分制御（EDC）

——の大きく4種で、需要変動周期に応じた制御分担となっている。

太陽光発電や風力発電など変動型再生可能エネルギーの増大は、その出力変動が需要の

図10　ダックカーブ現象

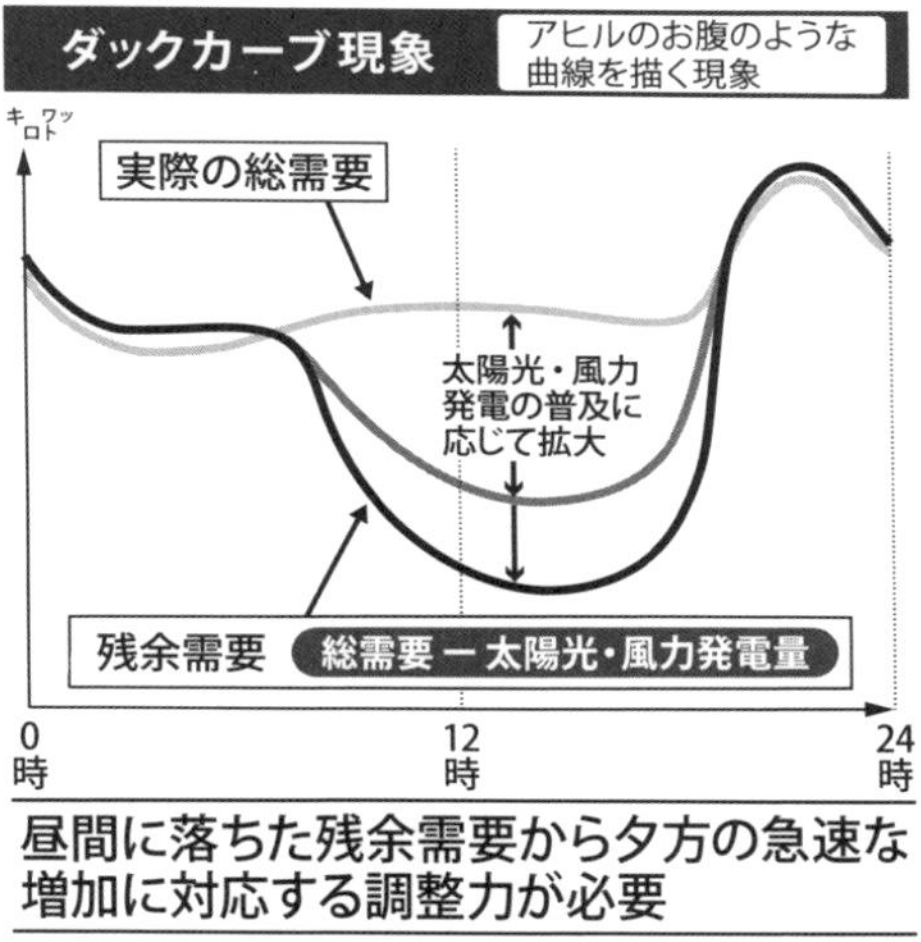

変動と重なって周波数変動を拡大させる。より多くの需給調整力（柔軟性）が必要となるが、特に、前記の③や④の領域では、出力予測誤差により、従来に比べて遥かに大きな柔軟性が必要になると指摘されている。

実際の総需要から太陽光発電、風力発電の供給力を差し引いた見かけの需要を「残余需要」または「正味需要」と呼ぶが、昼間帯の残余需要の減少は従来、柔軟性を供給してきた負荷配分可能な発電機の運転量を減少させる。

しかし、太陽光発電は日没で急速に出力が減少、同時に残余需要は急速に増加する。このため、夜間のピークに向けて需要曲線がいわゆる「ダックカーブ化」する。変動型再生可能エネルギーの増大は、発電総量を引き下げるが、ダックカーブ化する需要に対するピーク供給力の確保、調整力の確保が課題となる。

変動型再生可能エネルギーの導入量増大に伴う課題に対処し、柔軟性を確保するためには、従来の延長線上の対策として、

①従来型集中電源の調整機能向上
②地域間連系線の活用拡大
③変動型再生可能エネルギーの出力予測精度向上と系統運用の高度化

——といった対策が必要だ。

こうした対策に加え、

①変動型再生可能エネルギーの出力制御
②需要の能動化
③エネルギー貯蔵技術の活用

——など、DER活用による新たな柔軟性の確保が注目されている。

しかし、新たな柔軟性を提供するDERのほとんどは、規模が小さく、設備数は多い。

電力系統全体で活用するためには、多様な技術特性の多くのリソースを、需要変動の時間領域ごとに、所要量に応じて、一定規模まで集約（アグリゲーション）し、需給調整市場や電力系統運用の仕組みに組み込むことが必要となる。

このため、複数のＤＥＲがあたかも一つの発電所のような働きをするＶＰＰや、需要家のエネルギーリソースから得られた電力を別の需要家に受け渡す電力の個人間取引・Ｐ２Ｐ（ピア・トゥ・ピア）など、エネルギー・リソース・アグリゲーション・ビジネス（ＥＲＡＢ＝Energy Resources Aggregation Business）という革新的なビジネスの展開が期待されている。

次に、ＤＥＲが接続される系統への局所的な寄与という側面を考えてみよう。

ＤＥＲは、送電増強繰り延べ、設備の縮減、供給信頼度維持に必要な設備投資の削減、停電時の非常用発電機の代替など、送配電代替効果を創出することも考えられる。需要または発電量の増加による送配電増強の代替として、運用容量の超過を回避し、送配電増強を繰り延べできる可能性がある。

需要が減少する系統は、更新のタイミングで設備を縮減すればコスト削減できる。ただし、限られた時期のみ混雑が発生するために設備を縮小できないとすれば、混雑時にはDERを活用することで、設備を縮減できる。

従来、電力系統は、配電線相互、変電所相互に複数の連系点を設けるなどで局所的な供給信頼度を維持してきた。今後、DERを活用することにより、供給信頼度を維持しつつ設備投資を削減できる可能性がある。

事故時や作業時には、高圧発電機車をはじめ移動式の発電機を使用して電力を供給しているが、この代替としてDERを活用できる可能性もある。また、DERは電圧調整の働きをする無効電力源となって、電圧品質の安定化に寄与する可能性がある。太陽光発電で使用されるパワーコンディショナーの制御をスマート化し、配電制御システムに組み込めば、無効電力源となって電圧品質の安定化に寄与する。

実際にDERを活用する際には、DERが設置される地点ごと、また、その運用方法によっても価値が異なることに留意することが必要である。

例えば、DERの設置場所が配電線の末端などの最適点からずれた場所では、電圧品質維持のための配電線の改良工事に多額の投資を要する。一方、戦略的に設置すれば、DERは複数の便益を達成しつつ、配電線の改良を回避できる可能性が広がる。DERの地点価値を考慮し、最適配置となるよう誘導するか、地点価値を生かせるDERを選択して、系統計画や系統運用に組み込むことが必要になる。

一方、EMSや、VPPなどでアグリゲーションされた場合の運用方法によっても、DERの価値が変わる。

コミュニティーとしてのEMSの運用を例にすれば、料金が安い時間帯にEVを集中充電させることはコミュニティー最適化ではある。だが、これが系統混雑を招けば系統から見た価値は下がる。

しかし、ピークシフト、負荷平準化による需要曲線のダックカーブ化の改善、あるいはコミュニティーと連系線の潮流持続曲線の改善を促すように、料金設計を含めコミュニティーEMS運用と需要地系統運用を協調させることができれば、系統から見たDERの価値は向上し、「DER統合」系統の本領を発揮できる。

DERの価値とは、便益と費用との差である。つまり、便益が費用を上回ればDER統合の効果が高まり、普及が加速することになる。ここでいう便益とは、送配電設備の投資抑制、系統安定化、容量価値、アンシラリー価値、エネルギー（キロワット時）価値、再生可能エネルギー証書価値、そのほか社会的価値の総計である。一方、費用は資本費、運用維持費、系統接続費用、その他費用で構成される。

ＤＥＲの便益はまた、受け手によっても内容が変わる。

需要家にとっては、ピークカットなどによる料金削減、供給余力による収益確保、ＢＣＰの強化、ＤＲ参加インセンティブなどが挙げられる。一方、小売事業者にとっては、電力調達やインバランス回避が挙げられ、再生可能エネルギー発電事業者にしてみると、出力抑制回避がある。送配電事業者にとっては、電力系統安定化と送配電代替の便益がある。

ＤＥＲの価値が、地点や運用方法で変わることを念頭に、関係者間の利害を調整し、全体最適を図る仕組みが求められる。

◆受動型から能動型へ

ＤＥＲ統合の価値は、設置地点や運用パターンで変化する。その普及拡大に伴い、積み上がる価値が電力系統の構造を変えていく。

ＤＥＲの普及拡大は、電力系統のＤＥＲ依存を高めることになるので、一斉脱落防止など安定運用のために必要な機能が求められる。このため、系統に接続される設備に一定の機能を要求する「グリッド・コード」が制定されている。

具体的には、インバーターへのＦＲＴ機能（事故時にインバーター電圧が低下してもネットワークシステムから脱落しないよう防止する機能）や、単独運転防止などである。

従って、普及の初期段階では、系統からの要求に従う「Grid－Following」（系統追従型）なＤＥＲ統合である。一方、普及が拡大すると、電力系統の形成・運用の効率化やコスト低減に貢献できる使い方の可能性が広がり、系統の形成・運用を変える「Grid－Forming」（系統形成型）なＤＥＲ統合に進展する。このことが、電力系統を次世代化していく。

「Grid－Forming」なＤＥＲ統合は、

①分散するＤＥＲ、デマンドレスポンスをアグリゲーションするＶＰＰ（仮想発電プラント）など調整力として活用

②インバーターの制御をスマート化し無効電力発生源、つまり電圧調整源として活用

③コネクト＆マネージ（系統に少しでも受け入れ余力があれば、条件付きで発電設備の

図11　Grid Forming なＤＥＲ統合とは

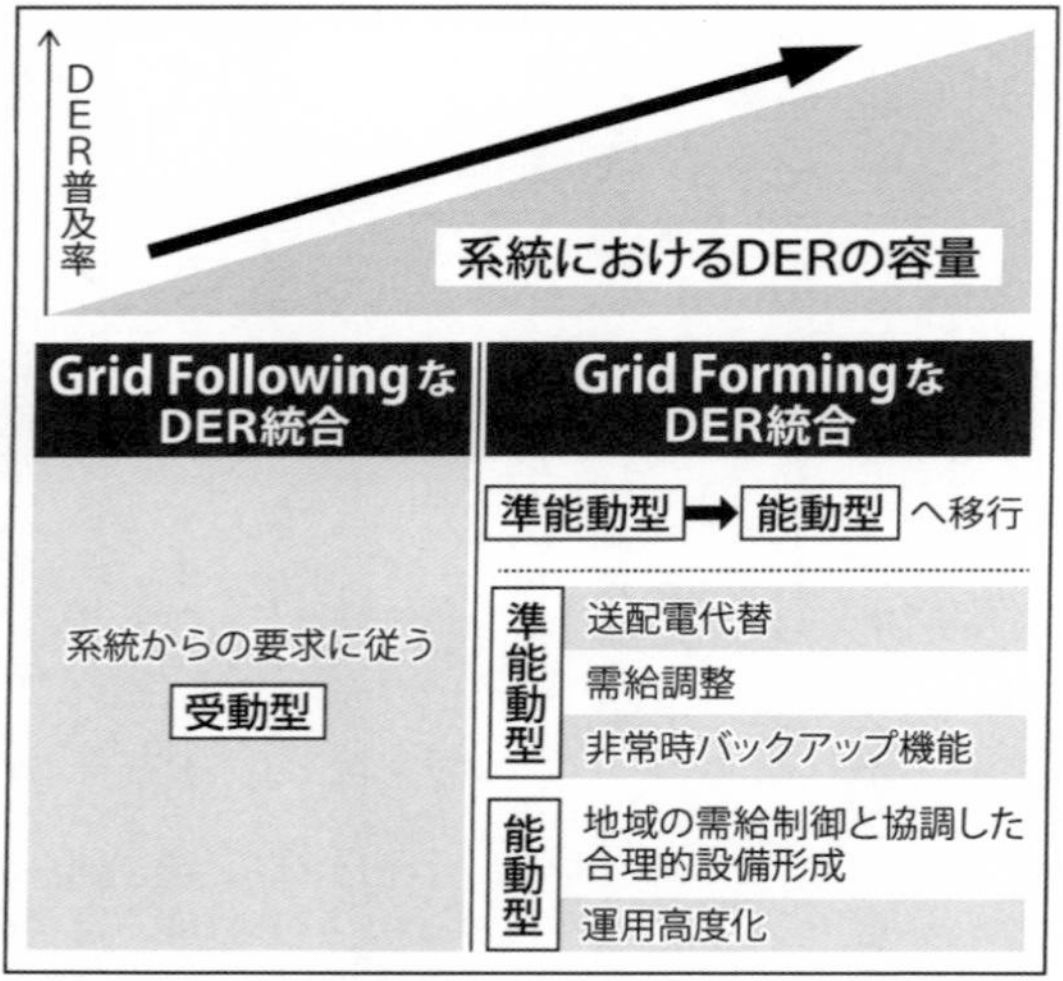

系統接続を受け入れる）やＤＥＲを「多様な負荷と供給源」としてアグリゲーションし、能動的な系統マネジメントとして制御など送配電代替として活用
――といったユースケースが増えていく。

「Grid―Following」の時期は、その使い方から見て「受動型」の電力系統だ。それが、普及が拡大するにつれ、その便益を系統の効率的な形成・運用に能動的に活用していくことで、「準能動型」（送配電代替効果、需給調整効果、非常時バックアップ効果などを拡大する段階）に、さらには「能動型」（能動的な地域的需給制御と協調した合理的な設備形成

時間の停電が発生したことで、電気の重要性が広く再認識された。

このため、電力インフラのレジリエンスを高め、持続的な安定供給体制を構築していくことが重要視され、「レジリエンス」は次世代電力系統が備えるべき要件の1つになり、電力系統の強靭化が求められることになった。

設備強度を合理的に引き上げるだけではなく、事故波及防止に手を打ちつつ、スマート化技術の導入により電力需給を迅速かつ最適に制御できる機能の実装と、地域間連系線の増強を図ることで、「需給運用の広域化」を実現させれば安定供給の面でのレジリエンスが強化される。それでも、地理的な制約から事故復旧に時間を要するケースなど、依然としてリスクは存在する。このためにも、「需要サイドの能動化を含む分散型エネルギー資源の活用」は重要な意味を持つ。すでに、台風災害時などに、分散型電源や自営送電線が生活維持や事業継続に貢献している事例が登場している。

◆設備更新に合わせ次世代へ

最後の「D」、「設備の高経年化」は老朽設備更新のソリューションに次世代化の工夫を求める。将来の電力系統を念頭に展開していくことになるが、

①需要減少
②分散型電源の普及による需給の不確実性に対する設備形成の柔軟性を持たせること
③設備リスクを許容範囲に収めること
④対策コストを低減すること

――が必要になる。さらに、これらのバランスをとりつつ、アセットの価値を高めるアセット・マネジメントの新たな考え方、手法が必要となる。

これまでの設備更新計画は需要増加を前提としていたが、人口減少と省エネルギーの進展は、系統、設備の規模を決定する最大需要の減少をもたらす。加えて、人口分布の偏在化は需要密度の地域間格差を拡大する一方、電源は中長期的に分散化・小規模化が進む方

向のため、これらを面的にカバーする電力系統の骨格を大きく変え得る。

従って、設備更新には、従来と異なる「需要減少を前提とする系統縮減（系統構成のスリム化、送電電圧の引き下げなど）、設備減設の計画」が必要となる。

需要減少を先取りした系統縮減、設備減設は、安定供給に支障を来たすリスクを伴うので、慎重かつ多面的な検討と合理的なリスクヘッジ策を必要とする。

このため、電力系統の長期構想を念頭に、さまざまな不確実性に柔軟に対応できるように系統構成に柔軟性を持たせる工夫——具体的には、「Least Regret」（後悔値最小法）となる対策の選択、計画の段階的な実施、計画の硬直化を避けるためＰＤＣＡを的確に回すことなどが必要となる。また、ＤＥＲの送配電代替効果が定着すれば、系統の縮減や設備減設の可能性が広がる。

系統計画の考え方、手法を革新していく時代を迎えた、と言える。

他方、人口減少、少子高齢化は労働人口の減少を招く。

今後、脱炭素化時代に向けて、電力系統を次世代化していくための施工の担い手の不足が顕在化している。施工力を持続的にどう確保していくのか、関係者の危機感が高まっている。

すでに、電気保安人材の中長期的な確保に向けた官民一体の取り組みなどが始動している。その一方で、工事量の先行きが見えず、年度間・月間の工事量がまちまちで定まらないようでは、中小企業が多い民間施工者にとって、必要な施工力を維持・確保することは現実的に困難となる。

電力系統次世代化は、長期的なプロジェクトだけに、系統計画の立案段階から施工力の持続的な確保に効果的な条件を織り込むことが不可欠であり、それゆえ、中長期的な施工力の実勢と整合的な工事量の平準化などの工夫が必要となる。

◆広域と分散 2方向へ

これからの電力系統は、DERの普及が拡大することに伴って「集中電源とDER統合電力系統」に変わっていくと想定される。そして、脱炭素化社会に向けて、日本の「集中電源とDER統合電力系統」には、具備すべき要件として、

①再生可能エネルギーの主力電源化に対応できる大きな柔軟性

図12　広域化と分散化の流れ

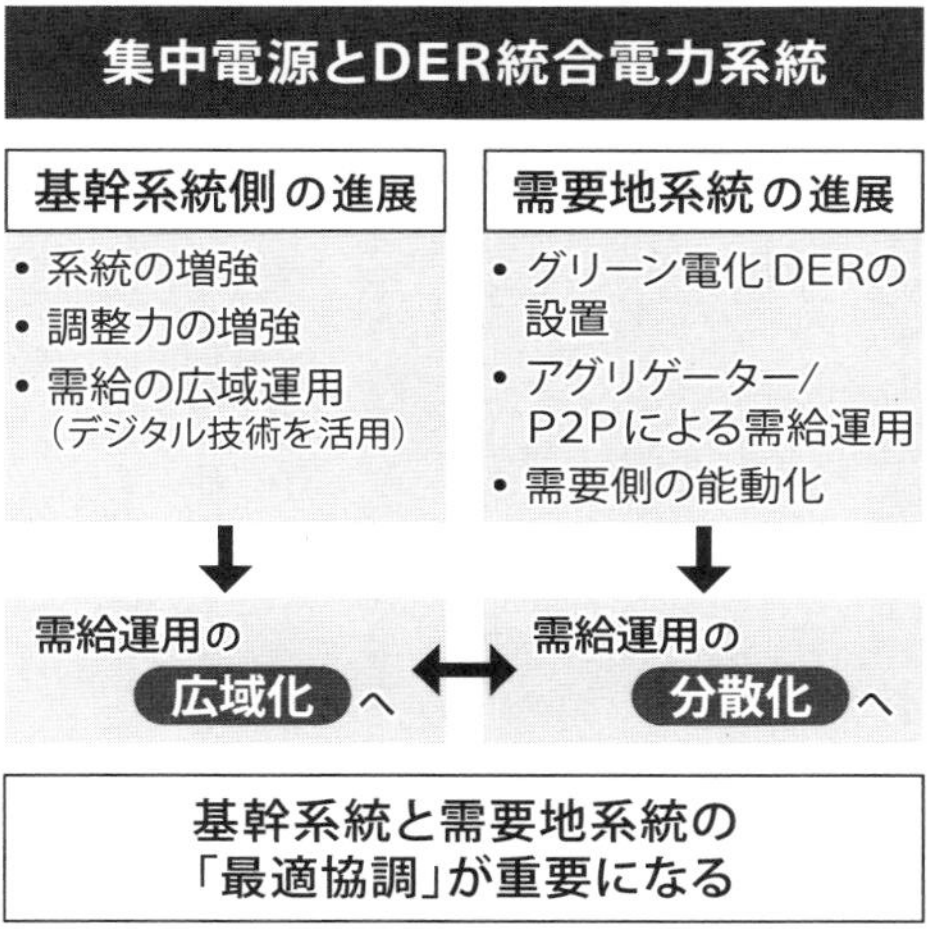
集中電源とDER統合電力系統
基幹系統側の進展
・系統の増強
・調整力の増強
・需給の広域運用
（デジタル技術を活用）
需要地系統の進展
・グリーン電化DERの設置
・アグリゲーター/P2Pによる需給運用
・需要側の能動化
需給運用の
広域化へ
需給運用の
分散化へ
基幹系統と需要地系統の
「最適協調」が重要になる

②自然災害の過酷化・広域激甚化、社会の電力依存の高まりに対応したレジリエンス、強靭性・回復復元性

③新しいタイプの需要から生み出されるイノベーションの可能性を見据えた電力ネットワークの高度化、脱炭素化の切り札であるグリーン電化を支援する機能

——の3点が求められる。

「集中電源とDER統合電力系統」の構成を基幹系統と需要地系統の2階層で捉えると、3要件を満足すべく、次の方向に進展すると総括できる。「基幹系統」では、全国規模での再生可能エネルギー最大限導入とレジリエンス強化を進める

ため、系統の増強、調整力の増強、デジタル技術を活用した需給の広域運用など、全国大での広域化が進展していくと考えられる。まさに「需給運用の広域化」である。

一方、「需要地系統」では、グリーン電化関連の需要資源を含むＤＥＲの大宗が需要サイドに設置されることから、直結する需要地系統が変わっていく。多数のＤＥＲをデジタル技術でまとめて制御・活用するアグリゲーターや、個人間で取引を行うＰ２Ｐといった新しいプラットフォームから生み出される需給の分散化、双方向化、最適化が、特に需要地系統の高度化やグリーン電化を支える機能強化を促すと見込まれる。

まさに「需要サイドの能動化」であり、「需要地系統」の分散化が進展していくと考えられる。

今後、「広域化する基幹系統」と「分散化する需要地系統」の最適協調が必要となる。需要地系統内での需給バランス達成度が高まるに連れ、基幹系統は「バックアップ機能」や「電力品質維持機能」を提供する役割を担うように変化すると想定される。

脱炭素化時代の電力系統には、あらゆる地域で手頃なエネルギーにアクセス可能なこと、クリーンで持続可能なエネルギーを提供できること、地域単位で分散型の需給制御ができることなどが期待される。

【幕間】

日本の基幹系統構築を振り返る

本書では、現在進行形で変化する「電力系統」をさまざまな側面から検証しているが、そもそも、日本の電力ネットワークにおいて、基幹系統はどのような変遷をたどってきたのか。本編から独立した「幕間」として、日本の電気事業の黎明期からの歴史をたどり、現状を理解する上で共通認識となる「日本の電力系統の形成」を振り返る。

◆草創期の電気事業と系統

東京電力の前身である東京電燈が1887年、日本橋で近隣に電灯用電力を送電したことが日本の電気事業の始まりとなる。

この時は、25キロワットの直流発電機からの送電だった。その後、増えていく需要に対応するため事業規模を拡大する必要が出てくると、日本初の交流発電となる浅草火力発電所からの交流送電、山梨県東部に設けた駒橋水力発電所からの長距離送電へと進み、次々に建設される水力開発に伴って電力系統が構築されていった。なお、1907年に運転を開始した駒橋水力発電所は当時では最高電圧の5万5千V電圧を採用。特高送電によって1万5千キロワットの水力電源を約80キロメートル先の首都圏まで送電するもので、これが本格的な大規模長距離送電の幕開けとなった。

1910年代には、福島猪苗代水力発電所の11万V特別高圧送電（225キロメートル）のほか、山岳地で開発した大規模水力発電所からの安価な電力を都心工業地帯へ長距離送電する事業が相次いで確立、産業近代化に貢献した。次いで15万4千Vの大規模長距離送電が実現、関東、関西、中京の各主要需要地への大規模電源導入が可能となった。

◆系統の「骨格」構築

戦前の「五大電力時代」から、戦中の国家管理体制の時代を経て、電気事業は第二次世界大戦後の1951年に9電力会社による発送電一貫体制に再編された。

この際、当該設備が立地する地域を管轄する電力会社に移管することを基本としたが、一部では「一河川一社主義」「潮流主義」の考え方に基づき帰属が決定された。具体的には、東海・北陸エリアに立地する一部の水力発電設備・送電設備については、当時、関西地域の電力供給に活用されていたことを踏まえ、関西電力の所有となった。

黎明期の電力系統は、電源と需要地を長距離送電線で結び、必要に応じて需要地周辺で変電所間が連系される形態だった。しかし、系統を安定的に運用するためには、「骨格」となる系統構築が重要になる。また、需要地に電力を送電するには、特定方向からの供給

図13　1965年時点の東京電力系統

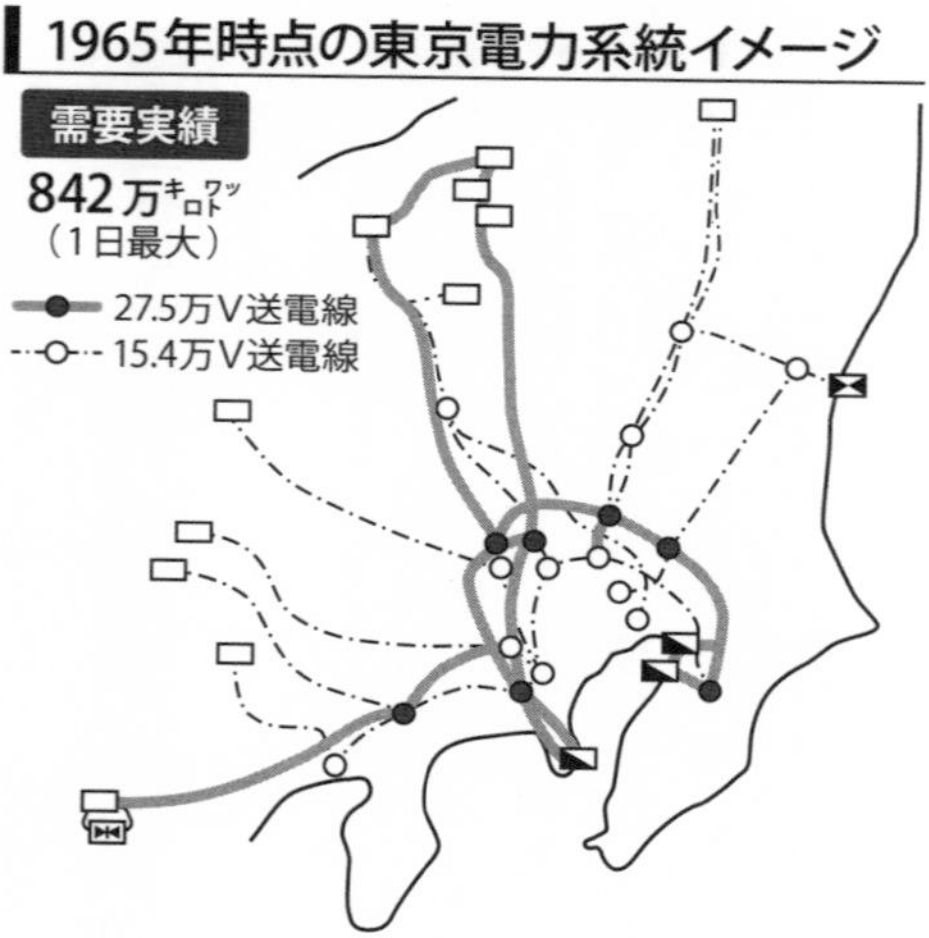

ルートに依存するのではなく、複数方面からバランスよく供給力を確保することが望ましい。

　このため、主要な変電所を地理的に分散して配置し、これらをつなぐ送電線として骨格となる系統を形成、主要変電所間の連系を強化するという考え方で系統構築が進められてきた。同時に、上位電圧系統と下位電圧系統間の連系をさせつつ、事故電流対策として下位系統を分割運用する発想で構築している。

　東京電力のケースで見てみよう。同社エリア内では、１９５０年代中頃から需要の増大を見据え、大規模火力・水力発電所の建設が開始された。

送電容量確保に加え、系統規模拡大に伴う事故電流の増大などの技術的課題にも対応するため、それまでの最高電圧である15万4千Vから27万5千V送電線の導入にも着手した。加えて、遠隔地の大規模発電所から首都圏の需要地に安定して送電するため、27万5千V送電線を建設し、既に地域別に構築されていた15万4千V系統間を結ぶことで、メッシュ状の系統を構築していった。

具体的には、電源からの送電用と、需要地近傍に点在する既存の15万4千V系統の接続用に27万5千V送電線を活用した。併せて、系統規模拡大に応じて増加しつつあった15万4千V系統の事故電流を抑制すべく、15万4千V系統の系統間連系を解消した。これを「系統の分割運用」と呼び、以降は、上位電圧階級を導入し下位電圧系統間を連系した上で、事故電流対策として下位系統は分割運用とするという流れで系統を構築していった。

◆50万V系統の導入

発電機や送電線のほか、変圧器、配電線、負荷など多くの機器で構成される電力系統には、多くの制約事項が存在する。

構成機器を単一設備として考えた場合、通電できる電流容量には限界があり、この容量以下で機器を使用する必要がある。また、いくつもの機器がつながった大規模なネットワークとして電力系統を考えた場合、系統全体の安定性という側面から輸送能力の限界が定まる。

系統を安定運用する主要要件には、

①熱容量＝電力系統を構成する設備の熱的耐力
②周波数＝周波数の安定維持
③同期安定性＝同期運転の安定性維持
④電圧＝電圧の安定性を維持
⑤故障電流＝短絡・地絡故障電流を設備能力以内に抑える

——という5つの制約がある。

系統構築には、これらすべての限界を超えないことに加え、故障除去の確実性も重要な要素になる。

系統規模が拡大すると、事故電流（短絡容量）が増大するため、局所的には遮断器の定格遮断容量の格上げなどで対応する。ただし、電圧階級ごとに遮断できる電流値には技術的限界がある。このため、系統全体で事故電流が大きくなると、基幹系統を多重化した上で分割するなどの対策により、事故電流を遮断器の能力以内に抑制することが必要になる。

しかし、この対策は系統安定度を低下させるため、旺盛な電力需要の伸びに対応した系統の発展過程では、系統安定度と短絡容量のトレードオフが限界に達するところで昇圧が必要になる。東京電力の場合、高度経済成長と電化の進展を見込み、27万5千V送電では早晩、安定供給の限界が来ると判断。1958年から次期送電電圧の検討が始まった。

日本初の50万V設計の送電線として1966年に完成した房総線は、房総方面の大容量火力発電所の開発に対応したもので、建設完了後、当初の27万5千Vでの運転を経て50万Vに昇圧した。その後、耐塩設計基準が確立し、大型火力発電所で直接50万Vに昇圧する「臨海直接昇圧方式」を検討、経済優位性が確認されたため、新袖ケ浦線に採用（1974年）、大容量発電所の標準的な送電方式となった。

東電では、このように新たな電源送電線と外輪線には上位電圧50万Vを導入して全系の連系を図り、それまでの最高位電圧27万5千V外統を分割運用する形になった。

その後の50万V系統は、需要の伸長、需要分布の拡大に応じて外輪線を増加させ、多重メッシュ構成を採用することで、電源分布の東部への偏りによる外輪線の電源線兼用化と、送電線交差部での接続による安定度確保を実現させ、現在に至るセミリング状の50万V外輪系統を構築した。

◆都市過密圏の供給系統

ここまで架空系統についてみてきたが、需要規模が大きく、かつ集中する東京都心部の例から高負荷系統の構築についても例示していきたい。

過密圏では法規上、または用地事情の制約などから架空線の建設が難しい。東京23区は地中送電線および地下変電所で系統を構成することを基本としている。都心部の電力系統は首都圏を取り巻く50万V変電所を拠点とし、都心部に向かう放射状の27万5千V架空送電線と、途中からは主に道路下に設置された地中送電線で構成されている。

電力需要が広範囲かつ高密度に分布する東京都心部では、変電所を適切に分散配置することが効率的な電力供給のカギとなる。東京電力パワーグリッドは、オフィスビルの地下などに土地を確保し、約200カ所の地下変電所を設置している。変電所間は地中送電線でつなぎ、道路下に他のインフラ（鉄道・ガス・通信）との共同使用や、都市再開発と協調して設置・更新を行っている。設備計画から運開までには10年以上掛かることが一般的で、長期構想に基づき、計画的に系統を構成していく必要がある。

都内27万5千V系統構成の前提として確保すべき供給信頼度は、まず単一設備（送電線や変圧器など）の事故や故障による供給支障を発生させないことが原則だ。次に、稀な頻度であっても発生し得る送電線ルート事故などの二重設備事故に対しても、大幅な供給支障を発生させないこととしている。

都内27万5千V系統構成は、外輪系統から都心に向かう架空送電線の末端に地域供給用の変電所を置き、そこから都心に向けて27万5千V地中送電線2ルートを導入、各ルートに2カ所ずつ、合計5カ所の変電所（27万5千／6万6千V）に供給することを基本とする。これをひと固まりとして複数用意し、相互に連系させることで供給信頼度を確保している。

さらには、都心部で伸び続ける需要に対応するため、効率的に大容量の電力を供給できる50万V系統を2000年11月から導入している。

「新豊洲変電所」と「新豊洲線」の運用開始がそれで、新豊洲変電所は地下式としては世界初の50万V変電所となった。円筒状の建物を採用することで、工期短縮と工事費のコストダウンを達成した。

また、新豊洲変電所と新京葉変電所（千葉県）を結ぶ新豊洲線は、全長が40キロメートルにも及ぶ長距離地中送電線であり、これも世界で初めて50万V・CVケーブル（架橋ポリエチレン絶縁ビニルシースケーブル）が採用されている。

◆100万V送電技術の導入

東京電力エリアにおける系統構築では、電源送電線としての機能と電源送電線を相互に連系しプール化を行う機能を併せ持つ外輪系統を50万Vで構築してきた。

一方で、さらなる需要増大に対応するため、遠隔地の大規模電源からの長距離大容量送電を実現することが大きな課題となっていた。日本国内で多数のルートを並行して建設するのは大規模投資となる上、立地・環境面からも厳しいと判断し、100万V送電を導入することとなった。

100万V（UHV＝Ultra High Voltage）送電は、系統安定度、短絡電流などの技術的課題を解決するとともに、それまでの最高使用電圧（50万V）に比べ送電容量が3～4倍となり、送電線ルート数削減や送電ロス低減につながる。東京電力では、3本目の外輪線としてUHVを選択、日本唯一のUHV設計の開発が進められることとなった。

1992年には、UHV送電線となる西群馬幹線が完成し、まず50万Vで運用を開始した。その後も電源開発計画や需要増加が見込まれたため、南新潟幹線、東群馬（北栃木）幹線、南いわき幹線などUHV設計の送電線建設を進め、順次50万Vで運用し、現在までに約430キロメートルに及ぶUHV送電ルートを構築している。

併せて、山岳地が多いという地形上の制約や環境条件などに配慮したUHV変電技術も確立した。群馬県の新榛名UHV機器試験場において各種実証試験を実施して、世界に先駆けてUHV送変電技術を築き上げた。

UHV送変電設備は従来の2倍の運転電圧のため、絶縁に必要な離隔距離が長くなり設備が大型化する。このため、設備コンパクト化を主眼に技術開発が進められた。

図14　鉄塔設計でのＵＨＶ技術の成果

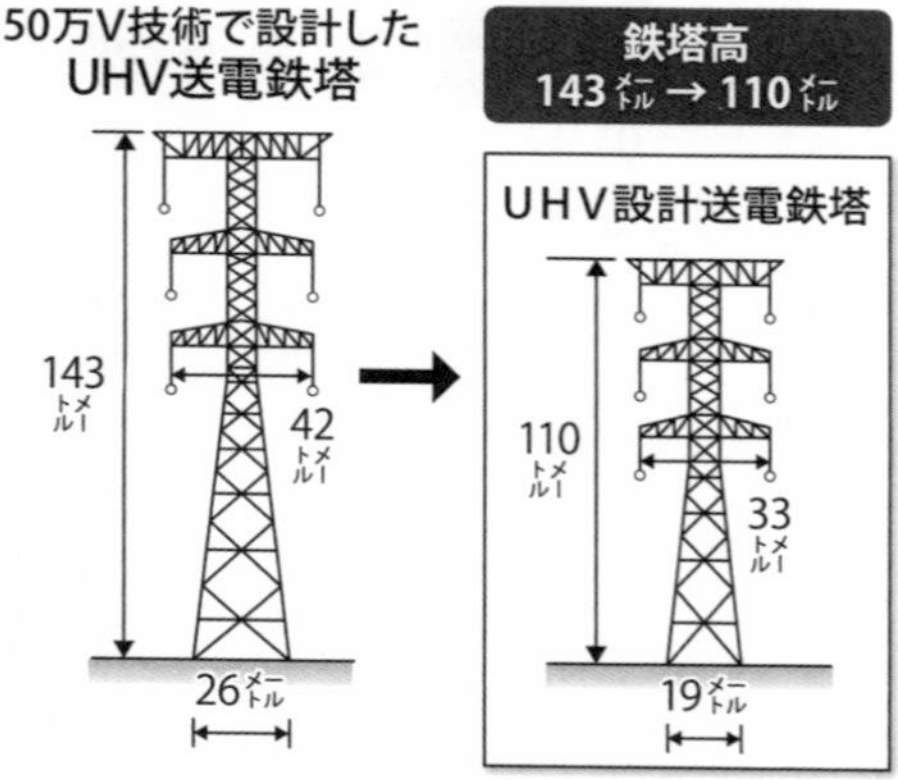

UHV鉄塔設計では昇圧による大型化を
可能な限り抑制するための工夫を凝らした

送電設備では、系統に発生する内部異常電圧に耐え得る設計が必要で、送電線に発生する開閉過電圧を抑制するため、高性能な酸化亜鉛形避雷器を送電線の両端の変電所に設置した。同時に、遮断器の抵抗投入・抵抗遮断方式を併用する新技術を適用した。

この結果、従来技術の延長では１４３メートルに達する鉄塔高を１１０メートルまで抑制、変電所でも高性能な酸化亜鉛形避雷器を適正配置することで大幅に縮小化した。

ＵＨＶ昇圧は現在の時点でまだ実施されていないが、その技術的知見は50万V以下の変電機器の絶縁設計にも適用されることで、機器のコンパクト化やコストダウンにつながっている。また、洋上風力の導入拡大に向けた系統対策として、UHV昇圧も検討の俎上に上がっている。

【コラム】系統電圧昇圧を必要とする系統状況

系統規模が拡大し、系統全体で事故電流が大きくなると、基幹系統を多重化した上で系統分割する、といった対策を行うことで、事故電流を遮断器の能力以内に抑制することが必要になる。ただし、この対策は系統安定度を低下させる。

旺盛な電力需要の伸びに対応し、系統規模が拡大する過程では、系統安定度と短絡電流（三相短絡事故時に事故点に流入する事故電流）とのトレードオフが限界に達するところで系統電圧の昇圧が必要になる。

東京電力の場合、昭和40年代末（1974年ごろ）――系統規模が2100万キロワット、50万V系統の短絡電流最大値が3万A強（遮断器の遮断能力5万A）の時代に――、系統規模の拡大に伴う50万V送電系統の技術的な限界に関するシミュレーションを行った。昭和60年代（1985年以降）の首都圏を中心とする、電力の安定供

図15　1970年代前半に行われたシミュレーション。1984年頃・系統規模4,000万キロワットの50万V基幹系統（長期計画）

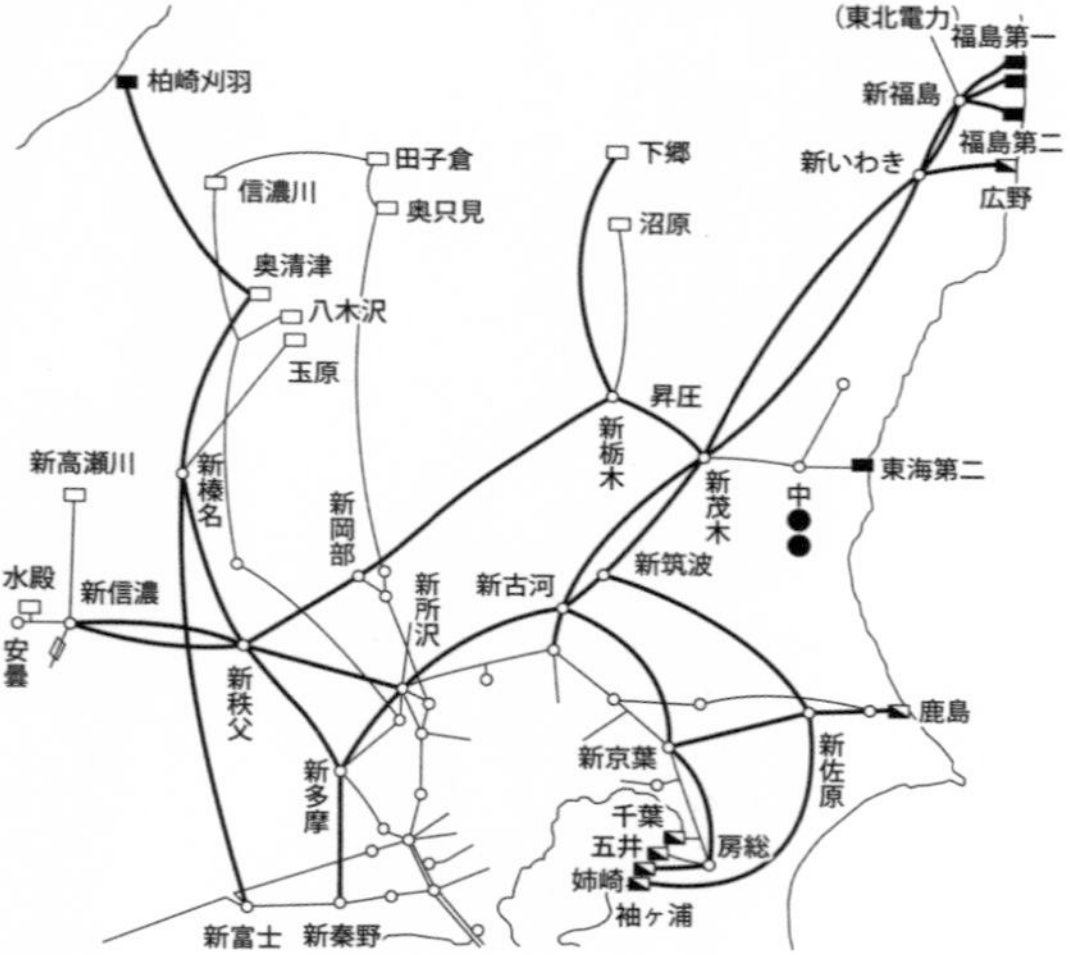

給確保のためには、１００万V級UHV系統の導入が必要になるとの見通しを得ていた。

この結果を踏まえ、昭和50年代初頭（１９７６年ごろ）からUHV導入構想の検討、調査、技術開発が進められた。

当時の長期計画では、系統規模が４千万キロワット（１９８４年ごろと想定）時点の50万V系統の構成を上図と想定しており、これに基づき、系統規模の拡大に伴う50万V送電系統の技術的な限界に関するシミュレーションを行った。この結果、以下のことが判明

図16　系統容量と50万V系統短絡電流（最大値）の推移

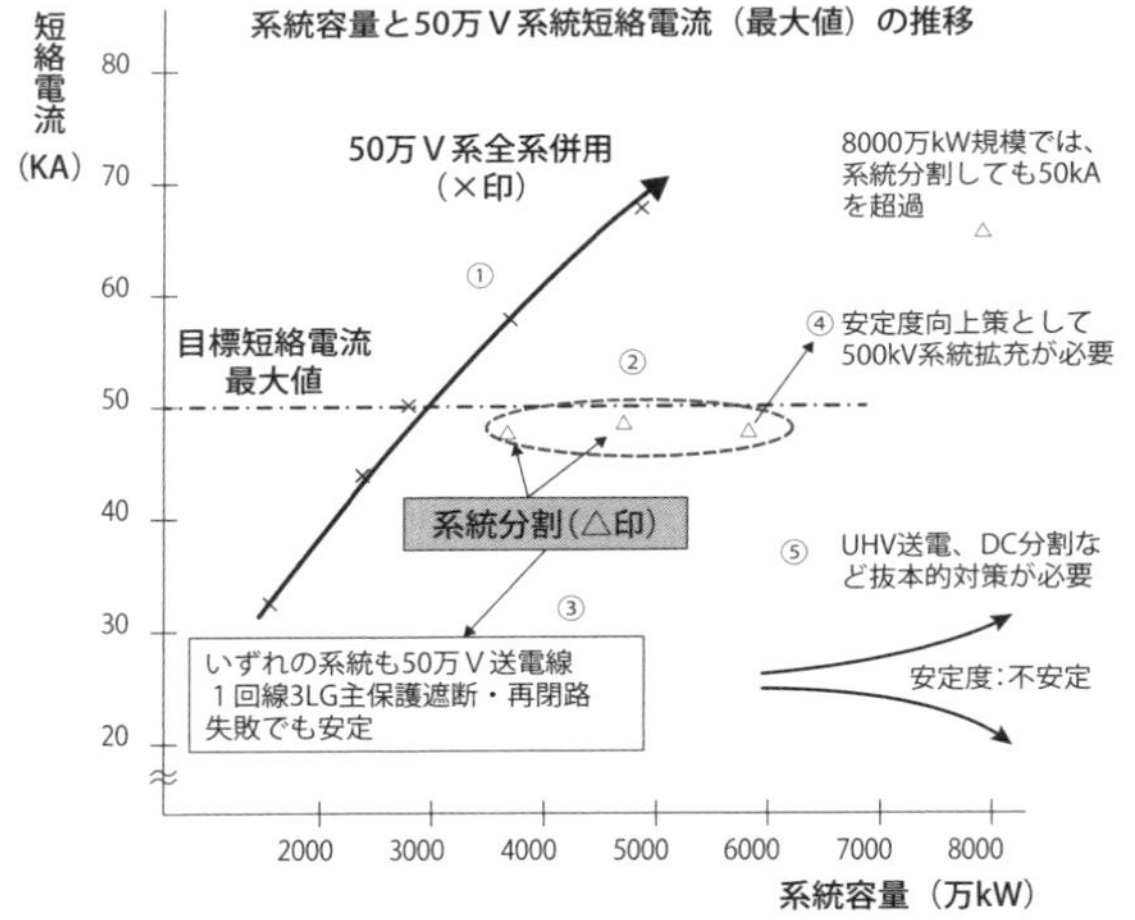

（出典）電気協同研究会第31巻第4号をもとに加筆

した。

その1　50万V系統全系を併用すると短絡電流はどうなるか？

①系統規模が4千万キロワット程度（1984年ごろの系統）で、目標短絡電流を超過

②系統規模が4千万〜6千万キロワット程度までは、発変電所母線の常時分割、一部電源系統の放射状運用など系統分割により、目標短絡電流以下に抑制可能。ただし、8千万キロワット規模では、系統分割しても目標を超過

その2　系統分割すると系統安定度はどうなるか？

③4千万~5千万キロワット程度の系統では、安定度確保できる見通し
④6千万キロワットでは、安定度向上対策として50万V系統拡充が必要
⑤さらなる系統規模拡大では、抜本対策として、UHV送電、DC分割が必要

◆骨格系統──関西と中部

関西電力は日本初の超高圧送電線「新北陸幹線」を1952年に完成、27万5千V送電を開始した。この頃、遠隔地の水力発電所に加え、需要地近辺の火力発電所の大型化が進み、より高い電圧で送電線を連系する「超高圧外輪系統」の構築が都市部を抱える東京、関西、中部のエリアで進んだ。

中でも、関西エリアの「骨格」は、2本の外輪線が交差している「交差二重外輪系統」と呼ばれる形になっている。

1965年の「御母衣事故」※による大規模停電を経験したことで、関電は信頼度と経済性の向上を目指し、まずは50万Vの外輪放射状系統構築に着手した。1980年には完

成するが、原子力など大型電源の開発が進んだことで、外輪系統に流れる潮流が増大、その後の供給力増加計画も踏まえ二重化を進めることとした。

この際に交差型を選択したのは、万一の重大事故が発生した場合でも、系統を2つに分割することでエリア全域での停電を防ぐことが目的だったとされている。

一方、中部電力エリアは、伊勢湾の周囲に大型の火力発電所群と需要中心が比較的近接して位置している。

この特性を活かし、27万5千Vの内輪系統に火力発電所を連系させ、需要と供給のバランスを図ることを第一とし、外側を二重に取り巻く50万Vの外輪系統は、その内側のバランスを補正する役割と位置付けている。この基本思想は、50万Vの外輪系統を電源送電線としての機能も担わせている東京電力の運用方式とは異なり、過酷事故が発生した場合などの信頼度確保を考慮して、通常は外輪系統には潮流をできるだけ抑えておく運用を取ることとなっている。

高度成長期の需要急増、都市化による過密需要の発生など、電力需要を取り巻く環境は東京、中部、関西ともほぼ同様と思われる。

ただ、これらの骨格となる基幹系統の形成や運用の考え方には差異が生じている。地理的要因や人口密度などの影響は大きく、加えて大規模電源開発の進捗や個々の系統に求める安定性の考え方などが反映されているといえる。

超高圧外輪連系の形成へと発展を遂げた電力系統は、さらなる需要の伸びへの対応と経済効率性を求め、電力会社間の広域連系、運用の高度化へと進展する。

※御母衣事故とは　1965年6月に発生した関西エリア全域での停電事象。関西電力は北陸、中部地方に主要な水力電源があり、電力消費地である阪神地方をつなぐ送電線の幹線はループ構成となっていたが、電源開発会社（当時）御母衣発電所屋外開閉所の送電鉄塔が台風で地盤が緩んだことによる落石のため倒壊。電源脱落による周波数低下で他の水力発電所や火力発電所も脱落し、関西電力の約3分の2の負荷が40分~2時間程度停電した。これを機に、関西電力では事故の連鎖的な波及を防ぐ目的で、従来のループ構成を徹底的に検討。その後の送電線系統の増強計画は放射状の構成とする方針となった。

【第三章】

広域化する基幹系統

２０１１年の東日本大震災を契機に、広域連携の重要性が認識されるようになった。特に、東西連系には50ヘルツと60ヘルツという周波数の壁があるものの、自由化の進展と再生可能エネルギーの主力電源化という二つの要素によって、地域間連系は強化される。地域間連系の考え方から、現在、電力広域的運営推進機関が進める整備計画について、その手法や考え方などを解説する。

◆従来の広域連系と設備形成

電力会社はそれぞれ、自社供給エリア内での電源開発や流通設備整備を進めてきた。需要増加に伴い、発電量を共同で活用する広域電源開発が行われ、それに合わせてエリア間を結ぶ連系線の整備も進んだ。系統の広域連系は多くのメリットがあり、電気事業発展の歴史である一方、大規模停電のリスクも伴う「両刃（もろは）の剣」でもある。広域連系の進展と設備形成、広域運営の流れ、さらには連系のあり方などについて考察する。

日本における地域間連系は、1959年に完成した東北〜東京間（27万5千V）連系系統を手始めに整備と拡大に着手した。1980年代に入ると、経済成長に伴う需要の急激な増大に対応するため、大規模火力発電や原子力発電などを組み合わせた電源開発が進み、送変電設備の一層の強化・拡充が必要となった。

地域間連系線においても、50万V系統の導入を進めた。1990年代には、東北から九州まで50万Ｖ系統による連系が完成した。２０００年代に入ると、相互応援能力拡大による電力需給の安定や、広域開発電源からの送電などを目的に50万Ｖ系統の多重化が進み、近年では災害に対するレジリエンス強化、再生可能エネルギーの導入拡大、卸電力価格の低下といった新たな視点で、さらなる増強が計画されている。

日本の広域運営には「50ヘルツ地域」と「60ヘルツ地域」という2つの周波数領域の連系という特徴もある。静岡県の富士川を境界線に、東側ではドイツ製、西側では米国製の発電機を採用したことに起因する。2地域それぞれで予備力を持つ必要があるため、経済性の観点から幾度か国内の周波数統一の議論があった。しかし、電力事業用設備のみならず、需要家側設備の取り換えなども必要になるため、膨大なコストと時間が必要となること、また、戦後の急速な経済成長に伴い、むしろ電力不足の解消が優先されたことから、統一されずに現在に至っている。

東西連系構想のきっかけは、１９５８年の「広域運営視察団」の欧州視察とされる。英仏両国連系で計画していた直流送電と周波数変換設備を日本の東西連系に導入できないか検討した。その結果、１９６５年に電源開発会社の佐久間周波数変換所が運開した。以降、１９７７年に新信濃変電所、２００６年に東清水変電所と、周波数変換設備は拡張した。2021年には、飛騨信濃直流幹線が運開し、連系合計設備容量は210万キロワットとなっている。

また、2027年度末には、佐久間が30万キロワット、東清水が60万キロワットとそれぞれ増強される予定となっており、300万キロワットの容量が確保される。さらには広域連系系統マスタープランにおいて、長期的にはさらに270万キロワットの増強についても言及されている。

◆広域運営と中央電力協議会

電力系統を連系し、広域的に運営することで、次のようなメリットが得られる。
①予備力の削減＝発電機の計画外停止や渇水など出水変動、需要変動などへの対処として保有すべき予備力を他エリアからの応援が期待できることから予備力を削減可能
②供給信頼度の向上＝系統容量が大きくなるため、電源脱落発生時などの周波数低下を軽減し、供給支障の発生確率を低減。また、作業停止および系統試験時に他社受電す

図17 欧州の国際連系

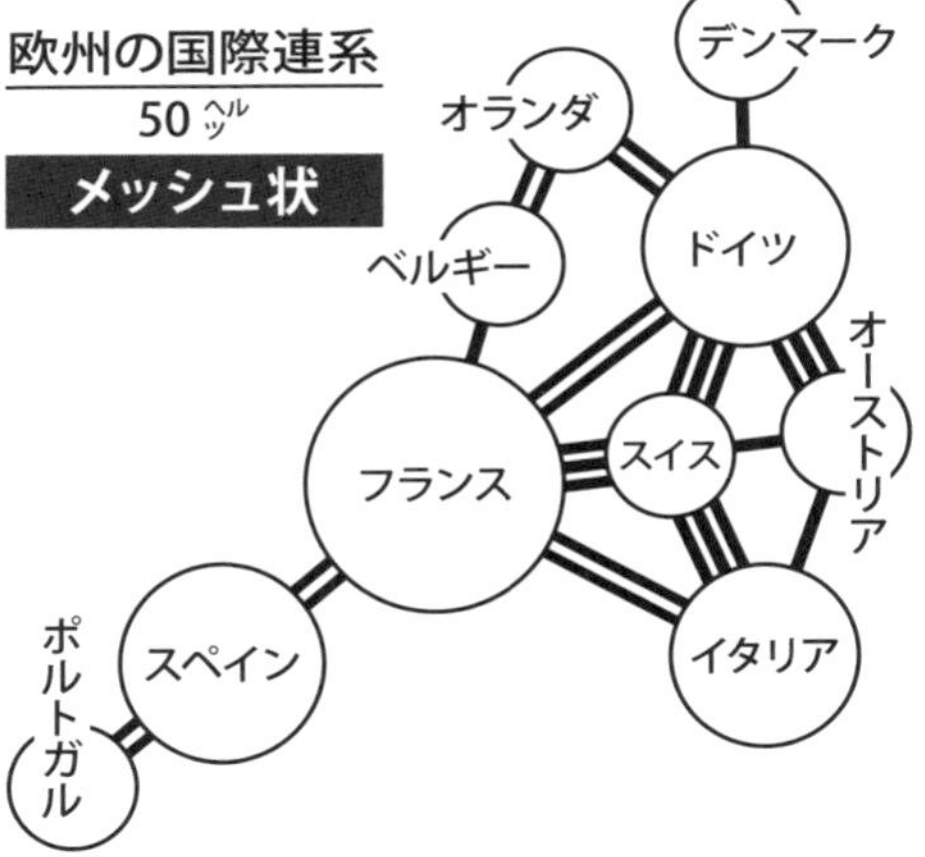

設備の南福光連系所（ＢＴＢ＝Back To Back）を設置することで、ループ系統における2社間連系を行う計画が進められた。なお、現在は南福光ＢＴＢの交直変換設備の老朽化による停止リスクを勘案し、中部・関西間の第二連系線による中部・関西・北陸の3エリアの交流ループ化構築計画が進められている。

一方、「密な連系」系統の代表的な課題といえば、ループフロー問題だろう。交流系統では、連系する送電線のインピーダンスによって潮流の大きさが決まる。この潮流の大きさが計画していた潮流と異なった場合の差分を「計画外潮流」と呼ぶ。メッシュ系統では、これが計画していた送電線ではない場所に流れ出すことがあり、この潮流を「ループフロー」という。ループフローが増えると、送電可能容量を超えた潮流によって送電線は故障し、その事故点を迂回した潮流がまた他の送電線に流れ……ということが連鎖する。2003年の米国北東部の大停電や2006年の欧州大陸広域停電などは、この現象が主な要因とされる。

ループフロー問題は過去から認識されていたが、近年、あらためて注目を集めている。理由は再生可能エネルギーの大量導入で、分かりやすいのがドイツの例だろう。既設の大型電源は北東部に位置し、需要地の南西に向かって流れるのが大きな潮流だ。また、系統構成は周辺国と「密な連系」となっており、ドイツ国内はもとより周辺国との連系潮流も一定ではなく、予測が難しい状況にあった。そこに系統に流れる潮流予測が難しい風力や太陽光が面的に急拡大し、ループフロー問題が悪化するという状況が生まれている。

大停電に至る状況を食い止めるには、

①電力潮流をコントロールするため発電出力を意図的に変更する

②ループフローが発生しても送電できるような送電容量の増強

――が抜本的な対策となる。

①に必要なのは、ガス火力など出力変更がしやすい火力電源であろう。しかし、燃料費

ゼロの再生可能エネルギーの市場競争力が優位にあれば、稼働率が低下する火力電源は廃止に追い込まれ、改善は見込めない。再生可能エネルギーの拡大に対する火力発電の必要性については、出力変動への対応（キロワット時、キロワット双方）や後述する慣性力への貢献がいわれている。さらに、ループフロー対応も実は大きな課題として認識する必要がある。

他方、②の送電容量増強については、ループフロー改善の面からも高圧直流（ＨＶＤＣ）送電の導入が検討されている。交流系統の中に交直変換装置を挟んだ直流系統を一部に設けることで、計画的に潮流を変える方法だが、ＨＶＤＣへ流す潮流の計画を系統運用者間で調整することが重要になる。また、ＨＶＤＣといえども、送電線建設における地元調整の難しさは同様であることも実態である。

◆整備方針の大転換　①自由化

戦後の急速な経済成長を下支えするため、日本の電気事業は供給力の提供を第一の目的に据え、基幹系統は電源開発と各社間融通を拡大・発展させるために整備されてきた。そうした考え方は今、大きく転換している。背景にあるのは「電力自由化の進展」と「再生可能エネルギーの主力電源化」という二つの要素だ。電力各社の経営自主性の下、相互補完的な電力融通を主体とした「従来の広域運営」と、自由化の進展・再生可能エネルギーの主力電源化が進める「今後の基幹系統の広域化」。この2つはどう違うのか、また、その違いは今後の基幹系統の整備計画をどう変えていくのだろうか。

地域独占・発送電一貫体制の下では、広域的事故波及を防ぐため、各社間は一点連系でつながり、エリア内での需要と供給のバランスを確保することが重要な使命となっていた。地域経済や人口などから導く需要想定を基に、電源建設と系統設備の増強は一体で行われ、整備計画は電源の増強要請の都度対応する、いわゆる「プル型」の思想だった。運用面でも、変動する需要に対し、最小コストで供給を行う最適運用を電力会社が担ってきた。

変化を促したのは、まず電力自由化だ。1995年に卸発電市場への参入が自由化され、2000年3月からは小売分野での自由化（特別高圧部門）が始まった。その後、段階的に自由化の範囲を拡大、2016年度からは全面自由化がスタートした。同時に、発送電・小売の一貫体制による「一般電気事業者」という事業区分もなくなった。

それぞれ事業目的の異なる市場参加者の利益確保と全体最適の維持、また、電力需給の同時同量バランスの維持、そして系統の安定化維持を行うために必要となったのが、各種の電力取引市場であり、また、系統運用ルールの整備である。

特に、２００５年に開設された日本卸電力取引所（ＪＥＰＸ）の運用開始に当たっては、全国大での電力取引を実現するため、従来の系統運用ルールについても電力系統利用協議会（ＥＳＣＪ）を中心に見直しが進められた。それまでも、計画ベースの広域融通のほか、経済融通という形で電力会社間の取引は行われていたが、多対多の市場取引の円滑化と系統の安定化、透明性の確保などを同時に達成するための議論は、その後も電力広域的運営推進機関へ引き継がれ、市場の多様化と共にさらに複雑さを増している。

【コラム】電力系統の適正規模とは

「系統の適正規模」という場合、需要地系統より基幹系統の規模を指すことが多い。

まず北米の場合、ロッキー山脈東側から東海岸までの東部連系系統、ロッキー山脈

図18　北米の広域系統

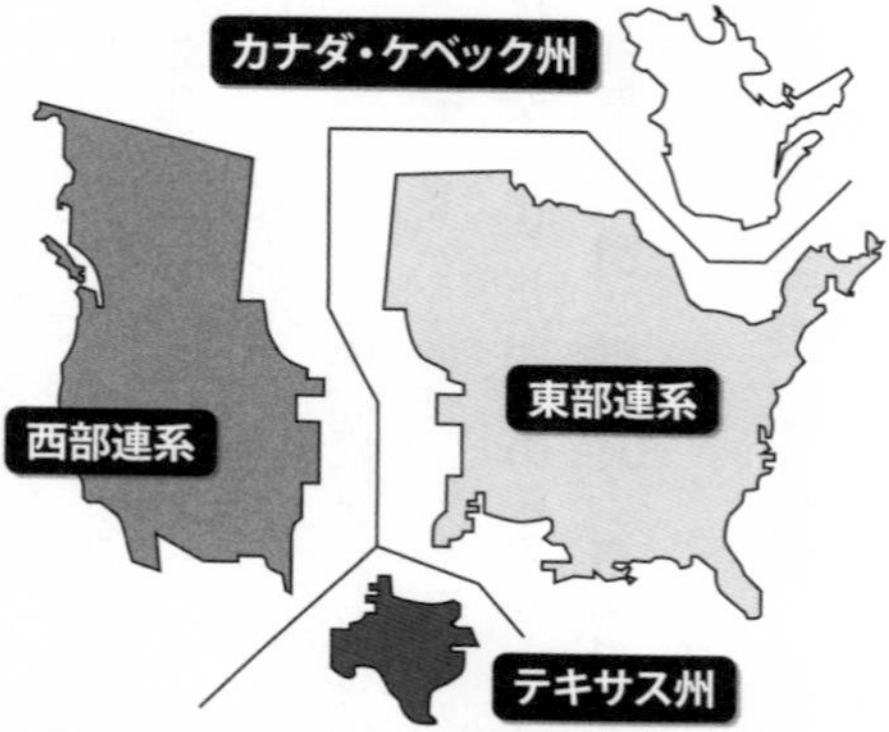

北米の系統は4交流系統が直流で非同期連系になっている

出典：北米電力信頼度協議会

西側の西部連系系統、テキサス州、カナダ・ケベック州の4交流系統に分割されており、直流を介する変換所にて非同期で連系されている。当初はナイアガラの滝などの水力資源が豊富なエリアからの長距離送電により需要中心に電力が供給されていた。1890年代後半から会社間の連系が始まり、1928年には東部でパワープールが設立。世界恐慌後の経済回復、大戦中の国防産業への供給ニーズから系統連系が進展し、1965年11月にはついに、北東部で大停電が発生した。それにもかかわらず、系統連系への意思は強く、

1967年2月、初の東西系統連系試験が実施された。しかしながら、東西間のパワースウィングが問題となり、1975年、その時点で4カ所だった東西連系を分離した。東西連系の価値はあるものの、安定運転が困難との結論だったが、直流送電技術が開発された現在は6カ所で連系されている。

欧州大陸も、ポルトガルから東は北欧を除くロシアとの境界まで広がる複雑なメッシュ系統である。2006年、2021年1月には系統分離による停電が発生している。これらはいずれも、複雑なメッシュ系統での連鎖的な送電線遮断などによるものだ。こうした停電を防ぐためには、系統運用者間であらかじめ役割を明確化し、協働による系統監視と潮流調整などの予防措置が重要になる。以上のことから、欧米では、日本と比べて遥かに大規模で複雑なメッシュ系統を運用し、緊急時にも高度なシステムを駆使して対応している実態があることを考えると、日本のみの知見で「最適な系統規模」を語ることには注意が必要である。

一方で、アジアやアフリカなどの途上国ではむしろ、蓄電池コストの低下やマイクログリッド運用技術の発展によって「ナショナルグリッド」を構築するよりも、独立した需要地系統のみで経済性が成立することもあり得る。先進国においても、地産地消での経済性が確保されれば、オフグリッド、あるいはセミオフグリッドの地域が出現することも想定される。また、再生可能エネルギーのオンサイト・オフサイトPPAモデルは、需要地系統における高圧－低圧の垂直的な電力の流れを双方向で増加させ、設備増強を迫る可能性もある。このように、系統の「適正規模」は、技術の進展やコスト、制度改革などにも大きく影響される。

◆整備方針の大転換　②再生可能エネルギー

脱炭素社会実現に向け、第6次エネルギー基本計画でも再生可能エネルギーの主力電源化が位置付けられた。再生可能エネルギーは純国産であり、発電時にCO_2を排出しない。課題だったコスト面も、ハード機器の価格低下や燃料高と相まって、発電コスト断面でみれば優位性も生まれており、国を挙げて導入拡大を進めていく方向にある。

しかし、自然環境・気候に依拠するところの大きい太陽光・風力には、需給の同時同量という系統安定の原則に対する「時間的ギャップ」が発生する。つまり、必要な時に必要な量を発電できないため、負荷追従を系統全体でカバーしなければならない。現在は、市場取引も含めた火力や揚水などの調整力による運用や、地域間連系線なども活用した協調運用などで対応している。将来的には、分散型電源や蓄電、またデマンドサイド・マネジメントなど需要側での調整も含め、需要地系統との連携で解消していくことが重要になる。

再生可能エネルギーには、発電資源の地理的偏在という「空間的ギャップ」も存在する。具体的には、洋上風力などの発電適地から大都市圏など需要地にどう運ぶかという問題だ。まずは、既存の設備の効率利用、さらには物理的に必要な分を増強するという2つの方式がある。既存設備の活用としては、

①想定潮流の合理化
②Nマイナス1電源制限
③ノンファーム型接続

――の主に3つから成る「日本版コネクト&マネージ」が導入された。物理的増強についても、従来の「プル型」から、増強要請の前にポテンシャルを見据えて計画的に設備形成を行う「プッシュ型」とすることとなった。併せて、系統強化に必要な費用を回収できる

図19　地域間連系の現状と増強計画

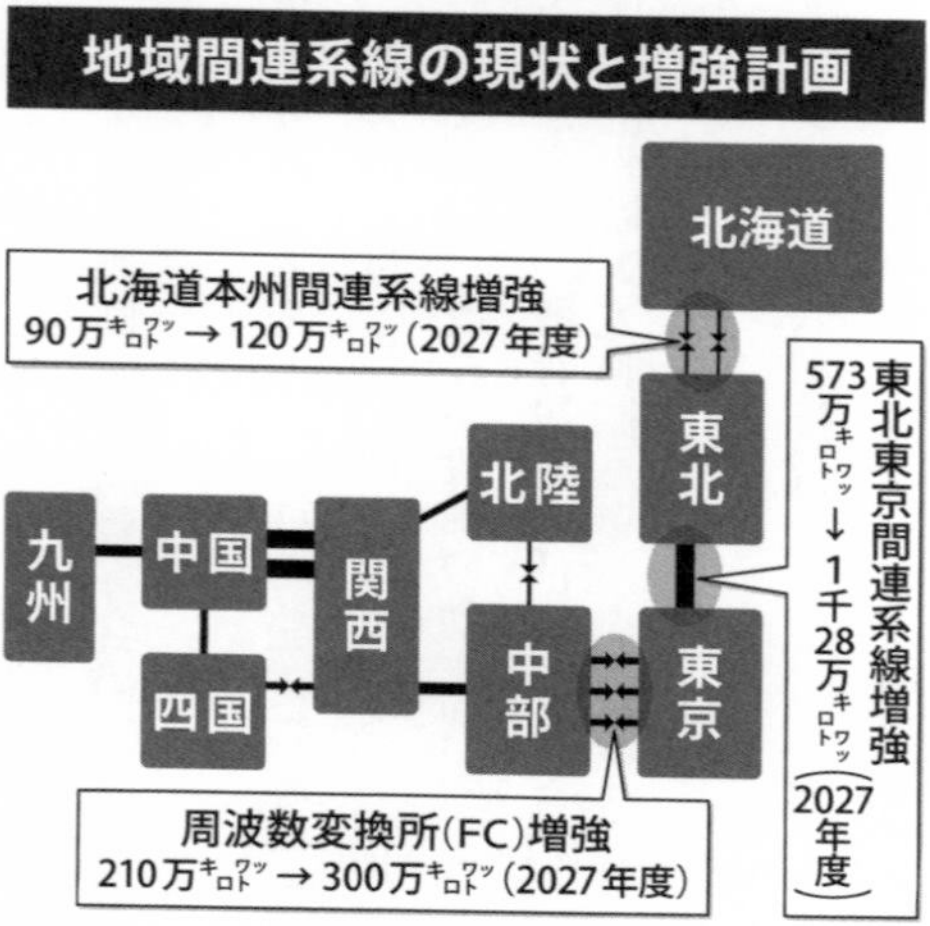

仕組みについても、新たな託送料金制度（レベニューキャップ制度）を導入したほか、地域間連系線増強の費用負担を全国で支える仕組みや、再エネ特措法の賦課金方式も活用することとなった。

このように、自由化の進展と再生可能エネルギー拡大を踏まえた新時代の系統整備は、全国大での競争活性化により小売料金が低減していくことを期待するものである。系統整備に伴う設備コストは増加するが、全国大での競争効果と投資効率化や均平化により、全体でのコスト低減を追求していくという考え方になる。多様な電源が、制約なく系統に接続し自由に取引できるという理想に向けて、現在、さまざまな運用面での見直しが進められている。

◆広域系統整備計画

脱炭素社会実現に向けた系統整備の考え方は従来の「プル型」から「プッシュ型」に転換され（P150コラム参照）、全国規模で低炭素化と経済性、需給調和を追求していくことになる。このため、広域運営、中でも地域間連系線の整備と運用は重要な政策となる。具体的な進め方、現時点で策定されている地域間連系線の整備計画・広域系統整備計画を紹介する。

２０１５年4月、国の監督の下に電気事業者の情報を一元的に把握する電力広域的運営推進機関（広域機関）が設立され、同時に地域間連系線の整備に必要な手続き（計画策定プロセス）も策定された。「広域機関による発議」「電気供給事業者による提起」「国の審議会などからの要請」のいずれかにより計画策定プロセスは開始され、工事費や運用方法、費用負担者等の決定事項を踏まえた上で、広域系統整備計画が策定される。現時点で策定されている広域系統整備計画は次の3件となっている。

【東京―中部間連系】

2016年6月に策定、東京―中部間の電力融通を210万キロワットから300万キロワットまで増強する。2011年3月の東日本大震災により発生した東北エリアおよび東京エリアでの大幅な供給力低下を契機とし、国の委員会からの要請を経て本計画が策定された。大規模事故や災害発生時、50ヘルツ地域・60ヘルツ地域いずれかで供給力が大幅に低下した際に、電力融通を最大限活用することで被災直後の供給力不足に対応できる。また、東西エリア間の市場分断の減少も期待できる。

【東北―東京間連系】

2017年2月に策定、2021年5月に再策定。東北―東京間の南向き電力融通可能量を573万キロワットから1028万キロワットまで増強する。広域取引の拡大を希望する電気供給事業者から提起を受け策定された。ただ、複数の電気供給事業者から辞退の申し出があり、一度は計画見直しが検討された。検討の結果、費用を十分上回る社会的便益が認められ、当初計画の規模を維持することとなった。

【北海道―本州間連系】

２０２１年５月に策定。北海道本州間の電力融通を90万キロワットから１２０万キロワットに増強する。２０１８年９月の北海道胆振東部地震により発生した北海道エリアでのブラックアウトを契機とし、国の審議会を経て計画が策定された。北海道エリアにおける大型電源１サイト脱落など、稀頻度事象発生時のブラックアウトの回避や、さらなる再生可能エネルギーの導入拡大が期待できる。

◆設備形成の効率化手法

電源と一体的に整備してきた系統だが、自由化による発電事業参入者の増加や再生可能エネルギーの導入拡大により、発電潮流の不確実性が将来的にも高まっている。今後一層、効率的な整備が行えるスキームが必要になっており、今回はそうした視点から議論・整理されてきた２つの手法について紹介する。

【電源接続案件募集プロセス】

再生可能エネルギー固定価格買取制度（ＦＩＴ）導入以降、再生可能エネルギー発電事業者からの連系希望が急増した。大規模な系統増強工事が必要となり、単独の事業者による費用負担を前提とした系統連系が困難な状況となった。電力広域的運営推進機関により、「電源接続案件募集プロセス」（以下、「募集プロセス」という）のルール化が行われた。

系統連系希望者は、発電設備などを連系するに当たり、工事費負担金が高額で単独で支払うことが困難な場合には募集プロセスの検討提起が可能となった。近隣の案件も含めた対策を立案し、それを共用する多数の系統連系希望者で対策工事費を共同負担する。東京電力パワーグリッドでは群馬県を第一号案件として、２０２１年12月時点で6件の募集プロセスが完了している。

【電源接続案件一括検討プロセス】

募集プロセスを進める中で、浮上してきた課題を解決する方法を取り込んだ「電源接続案件一括検討プロセス」（以下、「一括検討プロセス」という）のルールが適用開始された。

例えば、申し込み者の手続き手法により、同一系統内で近時に複数回の増強工事が発生し、非効率な設備形成になることがある。このため、系統増強が必要となるケースでは、自動的に一括検討プロセスに入るルールが整備された。

また、募集プロセスの途中で辞退者が発生した場合、工事内容や増強工事費、残った参加者の負担額が変更となることから事業者確認が必要となる。その結果、募集プロセスが長期化するという事態も複数発生したことから、工事費の負担可能上限額の事前申告を導入。事業者確認を省略し、工事費負担金補償契約の早期締結が可能となった。

そのほか、工事費負担金を支払わないなど系統に発電設備を接続する意思を明確にせず、系統容量（系統連系の権利）を確保し続ける、いわゆる「系統の空押さえ」が発生したため、一括検討プロセスに参加料（系統連系の有無によらず返金なし）を設定することで、系統の空押さえを防止する制度ができた。

◆日本版コネクト&マネージ

既存設備を最大限効率的に利用して再生可能エネルギーなどを連系することを目的に、「日本版コネクト＆マネージ」の検討が国や電力広域的運営推進機関（広域機関）で進められてきた。主な施策となる「想定潮流の合理化」と「Nマイナス1電源制限（電制）」、「ノンファーム型接続」について紹介する。

「想定潮流の合理化」は、系統の空き容量をすべての電源がフル稼働した状況ではなく、実際の潮流をベースにした想定で算定する手法だ。実態に近い条件の下で、今後の設備増強の要否を判定する。広域機関が具体的に考え方の整理を進め、２０１８年度から適用が開始された。

「Nマイナス1電制」と「ノンファーム型接続」は、早期に電源を系統接続するための運用方法だ。いずれも、必要な時には電源出力を減少させ、電気の流れを制御することを前提にした接続契約になる。

「Nマイナス1電制」は、緊急時用に空けておいた送電容量を通常時にも活用するもので、事故発生時には発電機出力を瞬時に減少させ、潮流を設備容量以内に制御する。

一方、季節や時間によって発生する送変電設備の空き状況を勘案して、新規の電源連系を行う仕組みを「ノンファーム型接続」と呼び、事故が無い場合でも過負荷が想定される際には、事前に発電機の出力を減少させることで、新規電源の早期連系を可能にする。系統設備の稼働率向上にも寄与する。

図20　想定潮流の導出方法

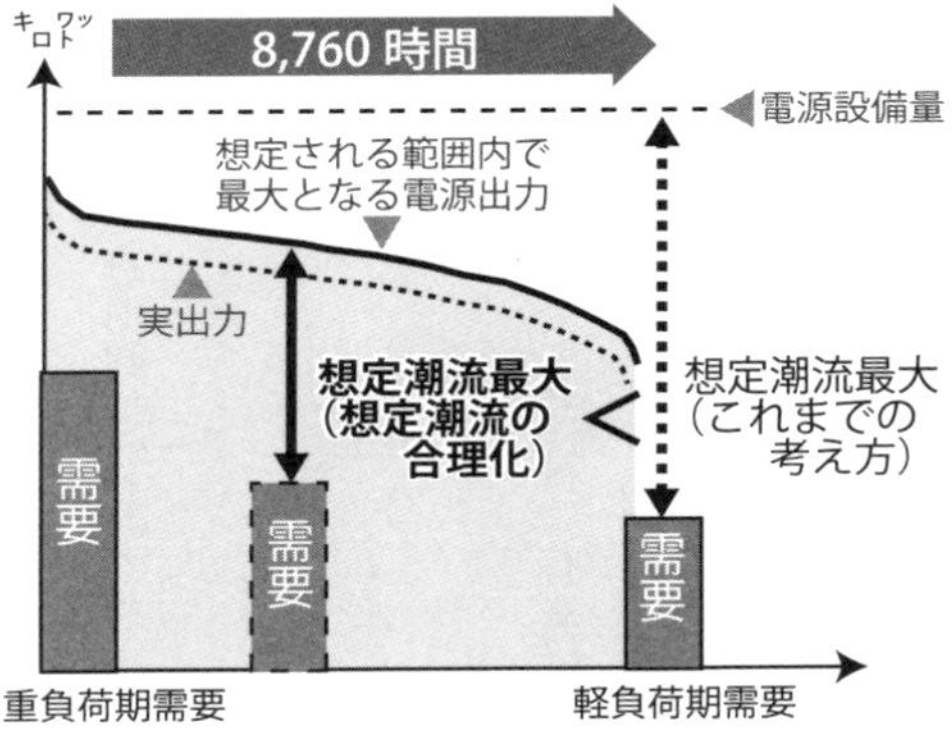

想定潮流の導出方法は
年間365日×24時間（8,760時間）
の中から想定潮流最大値を算定する

国内では、東京電力パワーグリッドが試行的な取り組みとして２０１９年９月より千葉方面でノンファーム型接続の適用を開始。その後、２０２０年１月から鹿島系統にエリアを拡大した。また、国や広域機関の整理により、２０２１年１月から全国の空き容量の無い基幹系統で、ノンファーム型接続の本格適用が開始された。

「ファーム型接続」では、抑制対象となる発電機はノンファーム型接続開始以降に申し込みがあった発電機となっている。この考え方についても、見直しを行った。社会コストのさらなる低減を指向し、先着優先（申し込み順）から、メリットオーダー（安価な電源順に発電）への転換の具体化についても検討を進めた。

調整電源については、メリットオーダーに従って出力制御する再給電方式（調整電源の活用）を2022年12月に導入。調整電源以外の電源を含めた電源についても、一定の順序によって出力制御し解消する再給電方式（一定の順序）を2023年12月末から導入することが正式に決定した。

空き容量のある基幹系統でも、2022年4月以降に申し込んだ電源は、原則すべての申し込み電源をノンファーム型接続電源として扱う制度が開始した。需要地系統についても一部エリアでの試行を経て、2023年4月以降に接続検討の受付を行った案件は接続先の電圧階級や空き容量の有無にかかわらず、原則としてノンファーム型で接続を行うことになった。

これによって、2023年4月以降、10キロワット未満の低圧を除き、接続先の電圧階級や空き状況にかかわらず、新規連系電源はノンファーム型接続が原則となった。

【コラム】ノンファーム型からメリットオーダーへ

電力広域的運営推進機関が2023年3月に公表した「広域系統長期方針」（広域連系系統のマスタープラン）では、「日本版コネクト&マネージ」の考え方として、「メリットオーダーに基づく系統利用」を基本にしていくことが掲げられた。

本来、電源を接続する場合、新たな増強工事を行わなくても、経済性や安定供給などその電源の価値を最大限発揮できることが社会コスト低減につながる。平常時にもっとも社会的コストへの影響が大きいのは、卸電力市場における電力価格だ。

こうした考えから、系統における混雑管理において、再生可能エネルギーといった限界費用が安い電源の価値を最大限活用できる仕組みが「メリットオーダーに基づく系統利用」だ。

今後、系統が混雑することを前提として適切な設備形成を行うとするならば、電源の運用を「先着優先」から「メリットオーダー」に変えた上で、キロワット時価値を最大化する混雑管理を行うことになる。そうすれば、それが事業者に対する「価格シグナル」となるという考え方だ。価格シグナルを優先して、系統に接続される電源が決まっていけば、価格シグナルによる「電源の新陳代謝」を促すことになる。

マスタープランでは、「今後、再生可能エネルギーの導入が拡大し、系統が従来以上に混雑する中で、S＋3Eなどを考慮したメリットオーダーに基づく系統利用と、価格シグナルによる電源の新陳代謝が目指すべき姿」とまとめている。

その上で、今後は市場による約定結果に基づいて混雑管理を実施する市場主導型の混雑管理ルールの導入を次のステップに位置付けた。市場主導型の混雑管理では、混雑管理に必要な3つの情報、「系統の空き容量」「電源の利用量」「抑制準備を判断するための情報」を元に、系統運用者が発電所の出力を決定し、混雑処理を行う。

この場合、系統運用者がこの3つの情報を適切に把握することや、すべての電力取引について市場を介して行うプール制の導入と同時に、相対取引や同時同量の仕組みのあり方を検討しなければならない。さらに、需給調整と系統運用を一体で行えるシステムや、市場システムとの情報連携が欠かせないため、これらを実現するためには、膨大な費用と時間がかかることが予想されている。

◆マスタープラン

再生可能エネルギーの中でも、特に洋上風力は次の3つの理由で導入拡大が期待されている。

第一に、欧州を中心に世界で導入が拡大し、日本を含むアジアでも急成長が見込まれていることである。2040年には、全世界の洋上風力の市場は2018年度比で24倍になる予測もある。今後、日本で洋上風力の技術を培えば、気象・海象が似ており、市場拡大が見込まれるアジアへの展開も可能となる。

第二に、洋上風力の技術が進展すれば、電力コストの低減につながる。先行する欧州では落札額が1キロワット時当たり10円を切る事例があるなど、風車の大型化などでコスト低減が進んでいる。日本でも、着床式の発電コストを2030〜2035年時点で1キロワット時当たり8〜9円とする目標設定について議論されている（洋上風力の産業競争力強化に向けた官民協議会）。

図21　風力発電の導入ポテンシャル試算

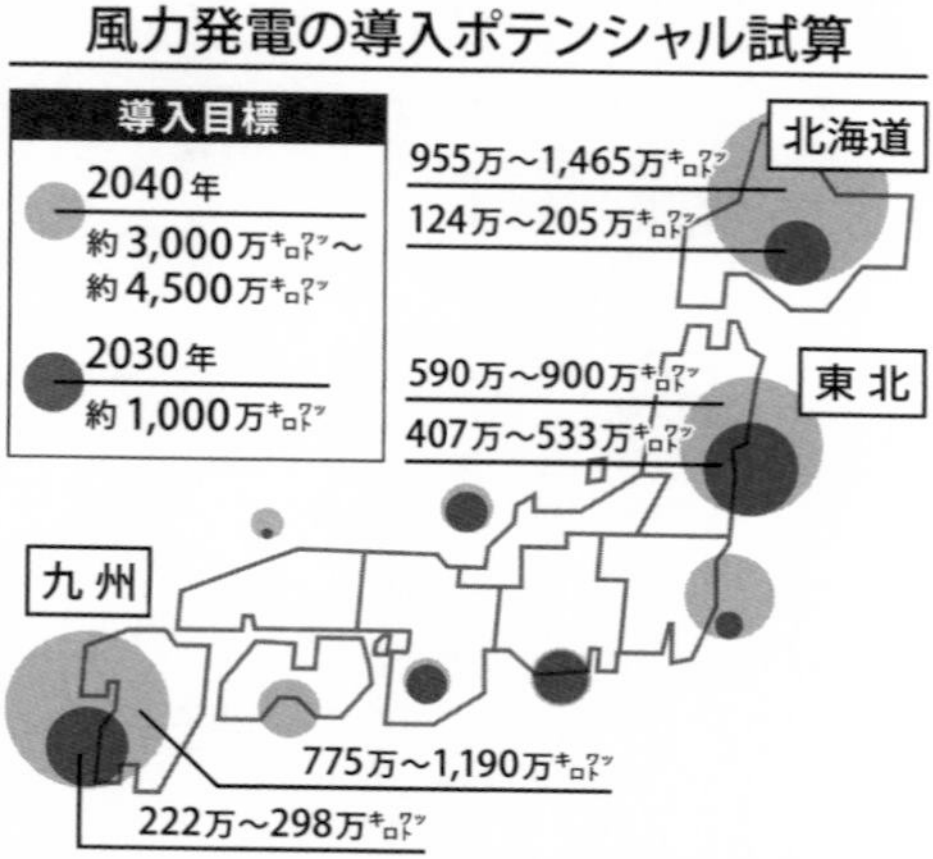

経済産業省の資料を基に作成

第三に、経済波及効果が大きいことである。洋上風力発電設備は構成機器・部品数が数万点と多く、事業規模は数千億円に上る。他にも、風車や海底ケーブルなどの維持管理も必要となり、新たな雇用を生むことが期待される。

一方、洋上風力は、発電資源の賦存地域が従来の系統設備形成で前提としてきた発電設備設置場所と異なることから、設備増強が必要になる。特に、発電所設置に適した場所が北海道・東北・九州に偏在する洋上風力の大規模連系に対しては、系統増強の計画に当たり、長期的な視野に基づく再生可能エネルギー主力電源化と、エネルギー供給強靭化に対応した系統のグランドデザインである「広域系統長期方針」（マスタープラン）が2023年3月にまとめられた。

検討は、電力広域的運営推進機関の「広域連系系統のマスタープラン及び系統利用ルールの在り方等に関する検討委員会」（以下、委員会）で進められた。2050年までの系統増強の在り方を示す長期展望では、再生可能エネルギーの電気を北海道や東北から、消費地である東京に送るための海底直流送電の必要性を指摘。中国－九州間の関門連系線の系統増強など中西地域の増強計画と合わせ、最大で7兆円の投資までは便益が上回ると見積もった。

各エリアの具体的な増強方策では東地域のHVDCは北海道～東北で600万キロワット、東北～東京で800万キロワットが有力。中西地域では、関門連系線の増強規模を280万キロワットと見込んだ。周波数変換設備（FC）は、現行の300万キロワットの増強計画から、さらに270万キロワットの増強までは便益がコストを上回る、と評価した。

長期展望では、将来の需要の増加分を電源近くに誘導できるかどうかで、基本となる「ベースシナリオ」、アンバランスが大きくなる「需要立地自然体シナリオ」、アンバランスが小さくなる「需要立地誘導シナリオ」の3つのシナリオを精査した。基本となるベースシナリオでは、投資額は6兆~7兆円と試算した。年間コストは5500億~6400億円。これに対して、火力発電が再生可能エネルギーに置き換わることによるCO_2削減効果など年間便益は4200億~7300億円と見積もった。

◆次世代系統の鍵とは

電力自由化と再生可能エネルギーの主力電源化という命題の下、新たな電源構成へのシフトに伴って基幹系統システムをソフト・ハード両面から対応させていく必要がある。ここまで見てきたように、具体的なアプローチとして「広域化」という観点があり、系統構築と需給調整の両面から総括する。

系統構築についていうと、偏在化する洋上風力などを活用するためには、長距離大容量送電が欠かせない。2020年度に成立したエネルギー供給強靭化法において、広域機関が将来の電源ポテンシャルを見据えて「プッシュ型」の系統計画を策定する仕組みが導入され、全国大の増強方策はマスタープランとして2023年3月に取りまとめられた。

2050年までの系統増強の在り方を示す長期展望では、再生可能エネルギーの電気を北海道や東北から、消費地である東京に送るためのHVDCの必要性を指摘。中西地域の増強計画と合わせ、最大で7兆円の投資までは便益が上回ると見積もった。系統増強費用を全国で支える仕組みも導入された。

技術面では、直流送電が注目される。これは別項で詳述する。大規模な系統増強にはコストがかかるため、マスタープランでは費用便益の考え方を取り入れ、費用対効果の高い施策を優先的に整備していく検討を実施。北海道から東北を経て、東京に至るルート検討で、海底を含むHVDCが必要だとした。

なお、こうした検討手法は、欧州系統運用者連合（ENTSO－E）のCBAガイドライン（CBA＝Cost Benefit Analysis）が有名である。

他方、太陽光や風力発電による出力変動を補償するには、調整力が必要になる。調整力の調達は従来、公募によってきたが、2021年4月からはより低廉で安定的な調達を目指し「需給調整市場」と呼ばれる全国市場が導入された。調整力は、連系線を介しても融通され、具体的には「広域需給調整システム」という制御系システムを各エリアの中央給電指令所と接続して配分を計算し、全国の需給コストを低減させている。欧州の国際系統制御協調（ＩＧＣＣ＝International Grid Control Cooperation）なども先進事例として知られており、ＩＧＣＣは、北海の洋上風力等の出力変動に対し、国境を越えた調整力の活発な融通を行っている。

このように、再生可能エネルギーが大量導入されると、変動する潮流に対し系統制約を考慮した需給調整（混雑処理）が必要となる。最経済運用実現には市場の活用が鍵であり、欧州のゾーン制や米国のノーダル制などいくつかの類型がある。いずれも、適正な価格シグナルによる合理的な設備形成の促進、全体最適を目指している。市場のグランドデザインについても、更なる検討加速が期待されている。

【コラム】プル型からプッシュ型の系統計画へ

従来、日本の電力系統は、電源の開発に合わせ、個別の接続要請に対してその都度対応する「プル型」で系統を形成してきた。

再生可能エネルギーが大量に導入されている一方で、既存の系統構成は必ずしも再生可能エネルギーの立地ポテンシャルを踏まえたものになっていなかった。実際には、再生可能エネルギーの接続要請に対しては、個別の案件ごとに応じていたため、非効率的な系統投資が行われる原因となっていた。また、系統接続の工事費負担が高額な場合、単独負担を前提とすると工事費負担金を支払うことが困難になり、系統への連系が進まない可能性もあった。

このため、広域機関や一般送配電事業者が電源のポテンシャルを考慮し、計画的に対応する「プッシュ型」の系統形成へ転換していくことになった。全国的・中長期的な設備形成については、2023年3月に広域機関が公表した「マスタープラン」によって、長期方針が示された。

マスタープランでは、整備計画の具体化にあたって、系統増強のタイミングを判断するために、①広域的機関が把握している1000キロワット以上の発電所の新増設計画（10年間）②海洋再生可能エネルギー法に基づき国が指定する区域での洋上風力の開発動向③供給計画では把握できない1000キロワット未満の電源④10年目以降の開発を検討している電源——の動向を把握。情報を補完していくことで、的確な系統増強の必要性を導き出した。

◆慣性力をどうするか

ここからは、広域化する基幹系統の安定運用を支えるために必要な技術に注目する。ここでは「慣性力」の問題を紹介する。

再生可能エネルギー導入量増加に伴う課題として、需給運用面での「調整力」や系統運用面での「系統制約」解消の課題については、関係者による検討が進んできた。しかし、再生可能エネルギーの主力電源化とは、年間発電電力量の5~6割を再生可能エネルギーで賄う状況を指し、この段階では「慣性力低下」という技術的課題が顕著になると想定されている。

火力発電機などの同期電源は、自ら回転エネルギーを持ち、いわゆる慣性力を維持する。一方で、太陽光発電や風力発電などのインバーター電源には慣性力がない。このため、再生可能エネルギー出力の比率が高まり、需給バランス調整を担っている火力発電機の運転台数が減少することによって、慣性力は低下する。

図22 疑似慣性機能

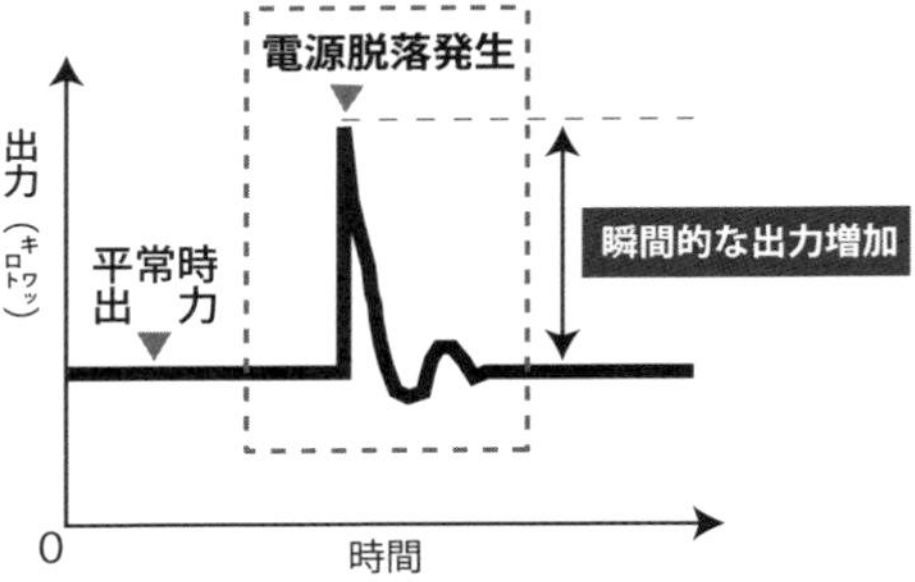

「疑似慣性機能」とは、電源脱落時などによる周波数低下発生時直後に再エネ電源の出力を瞬間的に増加させ（同期電源の回転エネルギーの放出と同等の効果）、周波数の安定化を図る機能

これにより、電源脱落時の周波数低下速度が増し、FRT要件（系統擾乱時における分散型電源の運転継続性能の要件）で定める毎秒2・0ヘルツを超えると、インバーター電源なども停止するので、更に周波数が低下、電源の連鎖脱落が発生する可能性がある。

対応策としては同期電源の運転維持、同期調相機の設置があり、再生可能エネルギー導入で先行している英国では、市場を通して慣性力を確保する制度も始まっている。

その一方で、近年、インバーターに「疑似慣性機能」を持たせる研究開発が精力的に行われている。この「疑似慣性機能」とは、電源脱落時などに起こる周波数低下発生の直後に、再生可能エネルギー電源の出力を瞬間的に増加させ、周波数の安定化を図る機能をいう。同期電源の回転エネルギー放出と同様の効果があるとされ、インバーター電源に必須のＰＣＳ（パワーコンディショナー）にこの機能を付加する開発も進められている。

東京電力パワーグリッドでは、これまでに同期発電機の動特性を定式化し、これを模擬した仮想発電機機能を持つ蓄電池システムを開発した。東京都の小笠原諸島母島において、再生可能エネルギー１００％の実現を目指し、２０２５年度から母島太陽光発電所事業（仮称）として、実証を行う計画としている。

インバーター電源が増加すると、慣性力と同様、同期化力や電圧維持能力、短絡容量なども大きく低下し、系統安定性を支える電気的特性が大きく変化、様々な課題が出現する。課題を的確に把握し、適切な方策を検討・立案することが重要であり、そのための系統技術が必要不可欠である。

【コラム】電力系統における慣性力と同期化力の役割

交流電力系統を安定運用するためには、水力、火力、原子力で使用されている同期発電機（以下、同期電源）が保有する慣性力、同期電源相互の回転数を同じにする同期化力が不可欠である。

一般的に、電力系統では、固定されたコイル（電機子）に対して電磁石を備えた回転子（ローター）を水力、蒸気などの動力で回転させ、その回転速度に同期した交流電力を発電する同期発電機が使用されている。慣性力も同期化力も、この回転エネルギーが生み出している。

①慣性力の役割

回転子が蓄えている回転エネルギーは、系統故障時、瞬時的に発生する電力の過不足分を吸収または放出する。この機能を慣性力と呼んでいる。同期電源は、系統周波数が変化した場合にその変化を緩和する自己制御能力を備えているといえる。

系統故障時、周波数が変化すると、まずこの慣性力による自己制御機能が働き、次に需要変動の周期に応じて分担が決まっているガバナーフリー制御、負荷周波数制

図23　電力系統における慣性力・同期化力のイメージ
（電力中央研究所ホームページより）

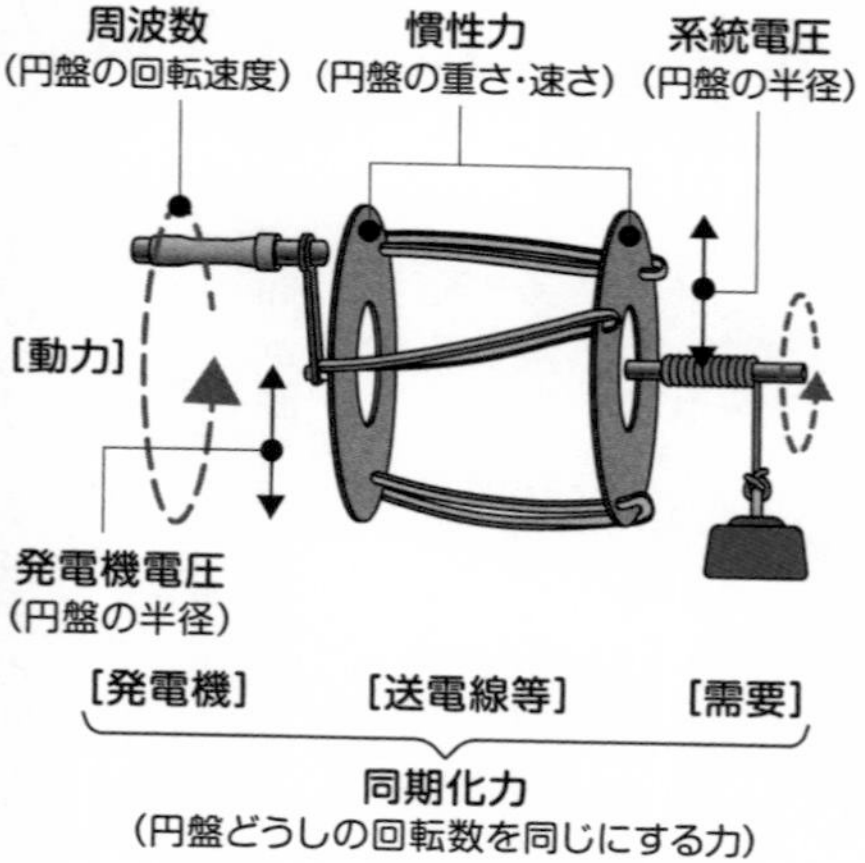

●慣性力
円盤の重さに相当し、これが重いと、ハンドルを回す力やおもりの大きさが変わっても、一定の間は同じ速度で回り続けようとする力が生じます

●同期化力
円盤どうしの回転数を同じにする力で、円盤どうしのつながりが強いほど、ハンドルを回す力やおもりの大きさが変わり、片方の円盤の回転数が変わっても同じ回転数に戻る力が働きます

御、経済負荷配分制御などの制御機能が働き、需給をバランスさせ周波数を維持する。

②同期化力の役割

同期発電機は、定常状態では、固定されたコイルに発生する起電力と系統電圧の位相差は一定だ。だが、系統故障時など、発電機への入力と出力の不均衡が生じ、発電機が加速或いは減速し、位相差がずれると、このずれを戻そうとする力が回転子に作用する。このずれを戻そうとする力が、同期化力である。

発電機が加速する場合、

①タービン流入蒸気増加

②タービンのトルク増大
③発電機が若干加速
④位相差増大
⑤発電量増大
⑥発電機トルク増大
⑦発電量とタービン入力がバランスする
――というメカニズムが働き、ずれを戻すのである。

電力系統に接続されているすべての発電機は、同期して同じ速度で回ろうとする性質、「同期化力」があり，周波数と系統安定度の維持に貢献しているのだ。

③インバーター電源（非同期電源）の比率増加がもたらすリスク

太陽光発電や風力発電などのインバーター電源（非同期電源）は、火力発電等の同期電源とは異なり、回転機が提供する慣性力や同期化力を保有しない。

ゴールデンウィークの昼間のように、需要が低く、再エネ出力が大きい時間帯には、発電電力（キロワット）に占める再エネの割合が増え、火力発電等の同期電源の運転台数が減少する。このような状態で、例えば、大規模な電源脱落が発生すると、周波数の低下により連鎖的に電源が脱落し、大規模な停電に至るリスクが高まっている。

◆海底直流送電技術

再生可能エネルギーの中でも、期待が・集まる洋上風力。マスタープラン中間報告（2021年5月）によると、適地は北海道、東北、九州などに偏在しており、電力を大消費地に運ぶ長距離大容量送電の構築が課題となっている。中でも、北海道から東京エリアへの送電については、海底直流送電（800万キロワット）の導入検討が進められ、国の「長距離海底直流送電の整備に向けた検討会」で技術的な課題を洗い出した。

電気事業の黎明期には、直流・交流論争が繰り広げられたが、大規模発電かつ大容量長距離送電から配電系統に分岐するビジネスモデルが展開するに連れ、電圧の昇降圧が容易な交流が主流となった。

しかし、本来、直流送電は三相交流に比べて送電線の本数は少なく、交直変換器のコストを加味しても長距離送電の場合は直流が優位になる。架空送電線よりコストが高い海底ケーブルではさらに有利となり、架空送電線で500～800キロメートル以上、海底ケーブルでは50キロメートル以上で直流が優位になるとの試算もある。

　実際、2021年3月に運転を開始した飛騨信濃直流幹線（89キロメートル）と飛騨信濃FC（交直変換所、当初90万キロワット）では距離は短いものの、50ヘルツ・60ヘルツの周波数変換設備の設置費用を勘案すると、直流送電プラス交直変換設備の方が安価となったという。

　昇降圧と連系により、需要側へのアプローチがしやすいこと、また、電流ゼロ点があることによる事故電流遮断の容易さなどが交流の利点といえる。北海道から東京へ直接、大容量・長距離かつ海底ケーブルで送電する計画であれば、直流送電は当然の選択となる。その一方、国の検討会で技術課題となっているのが「多端子化」による直流送電システムの構築だ。

　欧州などの大規模洋上ウインドファームは、比較的遠浅な海域に面状に発電機が配置され、それを一つの変電設備にまとめて陸上に送る「2端子」の形式が多い。日本の場合、沿岸に沿って帯状に発電機が並ぶことが想定され、この複数のウインドファームと既存の電力系統や需要地を多端子で接続する技術が必要になると指摘されている。新エネルギー・産業技術総合開発機構（ＮＥＤＯ）では、２０１５年から多端子直流送電システムの基礎技術開発に取り組んでおり、その成果を迅速に社会実装していく方向だ。この技術は、海外でも注目されており、実用化に向けた検討や実証などが活発化している。既に、欧州では、北海の洋上で発電された電力をＨＵＢを介し、多地点かつ国際連系により柔軟潮流を制御可能とする多端子直流送電システムの商用化の事業が複数立ち上がっている。

【コラム】無効電力と電圧維持

「全社を挙げて効率化を進めているのに、〝無効電力〟とは何ごとか！？」

電力経営トップが真顔で怒ったというエピソードがまことしやかに伝わるほど、〝無効電力〟は理解され難い。

①〝ムダ〟でなく英語名〝Reactive Power〟が、実相を表現している

交流の電力回路は、「抵抗」「コイル」「コンデンサー」の三素子の組み合わせで構

成される。「抵抗」は電力を熱に変換するだけの素子だが、コイルやコンデンサーは電力を蓄えて放出する素子である。

負荷のコイル素子やコンデンサー素子に蓄えられたり、放出されて供給源側に戻ったりを繰り返すエネルギー（電力）を無効電力（Reactive Power）と呼んでいる。

これに対し、実際の仕事をするエネルギー（電力）を有効電力と呼ぶ。有効電力は、消費され電源側に戻ることはない。

コイルに電流が流れた場合やコンデンサーに電圧が印加された場合の反作用は、いわば、電気の〝慣性力〟と言える。

歩行する時、両腕を前後に振った方が早く歩けることと類似していて、歩行をつかさどる足のエネルギーが有効電力に当たり、前後に振る手のエネルギーは慣性力に対抗する反作用として前後に行きつ戻りつを繰り返すが、これが無効電力に当たる。足を動かすエネルギーが有効電力（歩くという仕事をしている）で前後に振る手のエネルギー（無効電力）が歩行の潤滑剤となっている。

②無効電力による電圧維持効果は、比較的範囲が限られる

負荷で蓄えられて戻る無効電力と系統側で蓄えられ負荷に戻す無効電力が、バラン

図24　無効電力と有効電力の流れ

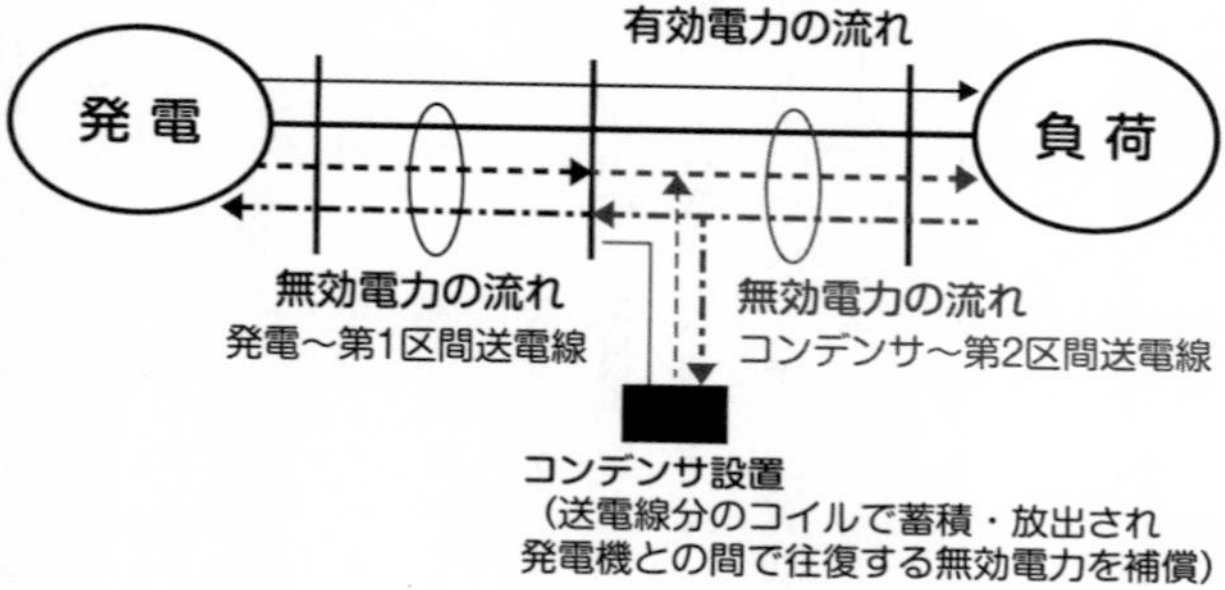

スしていないと電圧は維持できない。

負荷の無効電力が大きくて、系統側の供給能力を超える場合（無効電力不足）、負荷の電圧が低下するので、コンデンサーなどにより系統側の無効電力供給能力を拡充する必要がある。逆に、無効電力過剰の場合は、負荷の電圧が上昇するので、リアクトル（コイル）などにより系統側の無効電力吸収能力を拡充する必要がある。

しかし、中長距離送電（実際の電力系統）では、送電線の抵抗に比べコイルとしての機能の大きさを表すインピーダンスが5～30倍と非常に大きい。

このため、発電機から供給される有効電力は、送電線の抵抗で消費される送電ロスでわずかに目減りする。しかし、発電機から供給される無効電力は負荷に届くものの、負荷までの距離よりも短い距離の送電線分のコイルで蓄えられ放出され、「発電機との間で往復」することから、負荷が必要とする無効電力が届かないことになる。

送電距離が長い場合や送電量が多い場合などでは、無効電力の効果を及ぼす範囲が限られるため、送電経路にある変電所、あるいは開閉所にコンデンサなどを設置し無効電力を供給することが必要になる。

【第四章】

分散化する需要地系統

本書では、地域供給系統と配電系統を一貫して「需要地系統」と称している。分散型エネルギー資源の導入拡大により、インバーター技術、蓄電池・電力貯蔵技術、電力データの活用、直流技術の活用による交直ハイブリッド化、そうした技術を用いた新しいビジネスの展開など進化が著しいのが需要地系統だ。各国での最新の技術開発状況を交えながら紹介する。

◆電源から需要方向に向けて発展

　1887年11月、東京電燈は日本橋で米国製直流エジソン式発電機を用い、発電機付近への電力供給を開始した。その2年後に、大阪電燈が西道頓堀発電所から初の交流の電力供給を開始した。その後、東京電燈は浅草に集中式火力発電所を設置して交流配電を開始（単相2000V、三相3000V）し、ドイツ製の三相交流50ヘルツ発電機を採用し、以後50ヘルツに統一した。一方、1897年に大阪電燈は幸町変電所に60ヘルツの発電機を設置し、以降60ヘルツに統一、東西で周波数の異なる電力供給のルーツとなった。また、高圧配電線の電圧には、長く3000Vが適用された。

　低圧配電線は1933年に標準規定が制定され、電灯需要家には単相2線式100V、動力需要家には三相3線式200Vにより、別々に供給する方式が定着した。1952年から100V／200V単相三線式が採用されるようになり、1950年代から大型ビル、工場での400V配電が一般化した。

に事故などがあっても急激には変化しないという物理的性質を持っている。「Grid－Forming」とは、同期発電機が有するこれらの重要な性能を定義したもので、インバーターにこの性能を具備させることが電力系統の安定化にとって重要である。

この性能を有するインバーターであれば、電力系統に事故があって電圧が急激に低下しても、無効電力を瞬時に出して電圧を維持するように挙動するし、大規模電源の脱落により周波数が低下した場合は、有効電力を瞬時に出して周波数低下を抑えるように挙動する。しかしながら、インバーターを構成するパワー半導体の電流容量と耐電圧性能は同期発電機よりも劣るので、先述した性能を有するインバーターであっても、同期発電機ほどの系統安定化能力を期待することはできないことに留意することが必要である。

また、Grid－Formingインバーターは、自ら安定した電圧を発生させることができるので、再生可能エネ電源だけからなるマイクログリッドが構成されたとしても安定運転を継続できるし、マイクログリッドを停止状態から立ち上げるブラックスタートも可能である。つまり、再生可能エネ電源１００％で構成されるマイクログリッドも実現可能ということになる。海外の離島などでは既に実現されているが、複数のGrid－Formingインバーターの協調運転や、高い電力品質を要求される場合の制御など、解決すべき課題も多い。

◆蓄電池・エネルギー貯蔵技術の現状と将来

２０２１年６月に経産省が策定した２０５０年カーボンニュートラルに伴うグリーン成長戦略では、蓄電池の活用による再生可能エネルギーの最大限の導入、自動車・蓄電池産業における主な今後の取り組みとして、電動化目標（乗用車は２０３５年までに新車販売で電動車１００％を実現）と、蓄電池目標（２０３０年までのできるだけ早期に国内車載用蓄電池の製造能力１００ギガワット時、家庭用、業務・産業用蓄電池の合計で、２０３０年までの累積導入量約２ギガワット時）を掲げている。また、２０５０年における国民生活のメリットの中で、移動の安全性・利便性、移動時間活用の革新、動く蓄電池の社会実装によるスマートシティの高度化、災害時のレジリエンス向上を目指すとしている。

蓄電池の技術開発について、２０２２年８月の蓄電池産業戦略では、当面は液系リチウムイオン蓄電池が主流である一方、次世代蓄電池として全固体リチウムイオン蓄電池への期待を述べている。同時に、現状では、日本が研究開発をリードしているが、各国も研究を強化し、中国が猛追していることを指摘している。全固体電池は液漏れがなくなり、安全性が向上。航続距離が2倍になり、充電時間も液系の3分の1程度である。

蓄電池の普及に際しては、技術面・供給サイドの強化と同時並行で、市場創出、具体的には、電動車と定置用蓄電システムの普及促進が重要である。蓄電池をビジネスのコアと位置付ける蓄電池アグリゲーターなどの蓄電事業者のポジショニングアプローチを考察してみたい。

蓄電池事業においては、パイを競争で取り合う戦略ではなく、パイ自体を増やす戦略が必要ではないか。経済学のゲーム理論を取り入れて経営戦略を考察する枠組みにアダム・ブランデンバーガーとバリー・ネイルバフによる「価格相関図（Value Net）」がある。蓄電事業に当てはめたものが図25である。

顧客、供給者、競合につづく第4のプレーヤーの補完財がポイントである。コンピューターのハードにとってソフトは補完財であり、高速なハードはユーザーにパワフルなソフトの使用を促し、パワフルなソフトは高速なハードの購入を促す。自動車にとってのオートローンも補完財である。補完財は、自製品の魅力を高める他者により供給される財であ

図25　蓄電事業の価格相関図（Value Net）

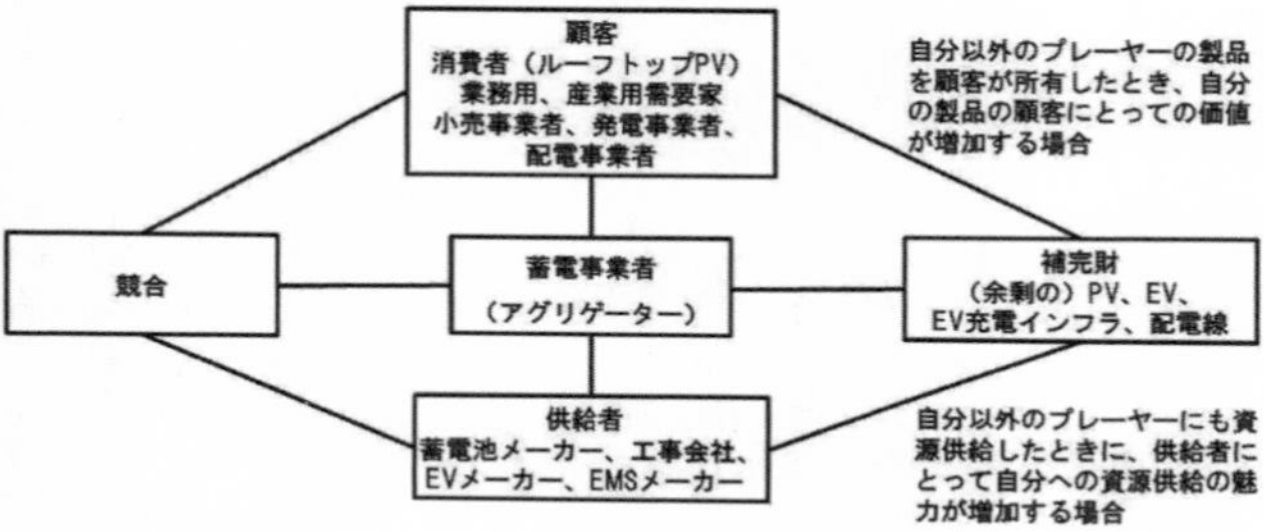

り、競合も含めた市場自体のパイを増やす効果を発揮する。

蓄電事業者にとって、余剰により抑制される太陽光発電、蓄電池に移動の価値を付加するEVと充電インフラ、離れた地点と電力を融通する配電線などは補完財と考えられる。補完財との相互作用により、蓄電池の普及と市場拡大が図られ、蓄電池コストが低下することで、カーボンニュートラルに向けた国家目標の達成に向かうことが期待されるが、そのためには蓄電池をコアとして用いる事業者の優れた戦略が不可欠である。

◆電力データの活用

電力各社でスマートメーターの設置が進み、次世代メー

図26　電力データの活用サービス

期待される新たなサービス創出

電力データ × 運輸業	⇒ 運送効率向上
電力データ × 建設業・家電メーカー	⇒ スマートホーム
電力データ × 銀行業	⇒ なりすまし防止
電力データ × 保険業	⇒ 新保険メニュー
電力データ × リース業・不動産業	⇒ 不動産価値の新たな評価軸
電力データ × 流通業・飲食業	⇒ 出店計画
電力データ × 自治体	⇒ みまもりサービス、空き家対策、防災関係計画
電力データ × AI	⇒ 発電・消費電力量予測（精緻化）

ターの仕様が国レベルで議論される中、「次世代技術を活用した新たな電力プラットフォームの在り方研究会」（2018年10月開始）で電力・ガスデータ（電力・ガス使用量、料金、時間帯別需要）と他インフラのデータと商品・サービスを掛け合わせ、顧客の特性・属性に応じたソリューションを提供できるという考え方が示された。

サービスを提供する企業・業界は、電力・ガスだけでなく自動車、ネット通販、食品、保険、医療など幅広く捉えられ、見守り、生活必需品購入、家電自動制御、EV活用のVPP（仮想発電所）事業を提供するドイツの会社、家電診断、メンテナンス予知、エネルギー最適化診断などを提供する米国の会社の先進事例が紹介された。

東京電力パワーグリッドや関西電力送配電などが出資する「グリッドデータバンク・ラボ」（2022年7月解散。同年4月に株式会社GDBL設立）ではスマートメーターのデータを活用することにより、自治体による地域内の避難所状況の把握や物資の配備計画のほか、災害時に稼働しているコンビニやガソリンスタンドの把握、病院への電源車配備などの災害対応の高度化、空き家把握によるまちづくりへの反映などのユースケースが検討されている。

また、海外では、スマートメーターでの計測情報を電力ネットワーク監視の高度化に活用することが提案されている。

①屋根置き式の太陽光発電の発電量と屋内需要を分離把握する
②分散電源が大量に連系されている配電ネットワークの状態推定にあたりスマートメーターの計測情報と追加設置したマイクロPMU（GPSを用いた電圧、電流の大きさと位相を高精度に計測）を組み合わせ活用する
③電圧低下を配電ネットワークの各地点で把握し、設備異常を検知する

——など、さまざまなユースケースが提案、実証が行われている。

スマートメーターを電力量計量だけに用いるのではなく、広く社会的価値の向上に活用することが重要である。日本の電力系統監視制御へのデジタル技術の導入は先進的であったが、再生可能エネルギー主力電源化による系統運用の不確実性が増す中、メーターデータを補完的に活用することで電力の安定供給にも貢献できる。また、他の社会サービスに活用、さらには他のデータインフラとの掛け合わせにより、社会インフラとしての価値向上と関連する産業の発展が期待される。

◆スマートシティの今

スマートシティは「都市の抱える諸課題に対して、ＩＣＴなどの新技術を活用しつつ、マネジメント（計画、整備、管理・運営等）が行われ、全体最適化が図られる持続可能な都市または地区」と定義されている（国土交通省審議会報告書）。政府は「スマートシティ官民連携プラットフォーム」を設立、９４８団体（２０２３年８月時点）が参加し取り組みが加速している。全国各地でプロジェクトが展開されており、「交通モビリティ」を筆頭に「観光・地域活性化」、「健康医療」、「インフラ維持管理」と続く。

世界展開については、「スマートシティに係る国際動向及び我が国企業等の海外展開可能性調査」(資源エネルギー庁委託調査、2021年3月)によると、グローバル市場全体で進行中の260超のスマートシティプロジェクトの内、40案件で日本のエネルギー企業の海外進出ポテンシャルが見込まれる。

さらに、「事業規模20億ドル以上」かつ「日本政府・関連組織の注力度合い」と「日本のエネルギー企業の参画状況」を勘案した結果、12都市・13件がハイポテンシャル都市として位置づけられた。豪州、インド、ロシア、UAEのほか東南アジア諸国に日系の重工・電機メーカー、商社、鉄道、電力、設計コンサルなどが共同参画しているものが多い。電力供給グリッド整備や交通網整備などの課題解決型で結果が目に見えるソリューションのほか、先進的なデータ活用や再生可能エネルギー導入を段階的、長期的に提案する必要があるとしている。

また、別の調査レポートでは、バーチャル空間を主戦場としてビジネスを展開してきたGAFAやアリババなどのプラットフォーマーが、スマートシティの整備を通じて実世界に展開する方向と指摘している。日本としては、日系プラットフォームへの投資と同時に、時には海外プラットフォームと連携しつつ複数のマネタイズポイント（不動産、サービス、機器売り、プラットフォーム利用）を組み合わせ、民間ベースで事業が成立するようにすることが重要であると述べられている。

こうした中で、日本企業が一定の存在感を得るには、藤本隆宏・早稲田大学教授が提唱する「地上の重さのある低空層」での戦いが参考になるだろう。GAFAなどは上空のサイバー層で強みを発揮する一方、日本企業は流れの最適化、現場カイゼンなどで強みを発揮できる。その地域にいかに寄り添うことができるかが、勝負の分かれ目になるのではないか。

◆Power to Xの可能性

電力、熱、ガス、モビリティーの各セクターの脱炭素化は、それぞれ独立して実施されてきた。社会全体の脱炭素化実現のためには、再生可能エネルギーを軸にセクター間の結合、つまりカップリングが必要である。「Power to X」のプロセスはその技術的な解となり得る。また、太陽光や風力の電気を様々な種類のエネルギーキャリアに変換してセクター横断で利用することで、電力系統のフレキシビリティー向上に貢献できる。

「Power to 水素」は水の電気分解により水素を得るプロセスである。水素は液化することにより輸送やタンクへの貯蔵が可能となり、産業向け原材料、燃料電池を用いた輸送セクターへの活用、定置用燃料電池による発電、さらには水素を二酸化炭素と反応させメタン化（メタネーション）し、合成天然ガスとして都市ガス、ガス発電への利用も可能だ。

さらに、「Power to Liquid Fuel」として、合成原油、ガソリン、ディーゼル、ジェット燃料の製造に再生可能エネルギー由来のグリーン水素を活用するプロセスも提案されている。「Power to Heat」には、再生可能エネルギー電気からヒートポンプや電気ボイラーを用いて熱を製造して需要家に供給し、ピークシフトやピークカットに活用したり、熱貯蔵として電力セクターとの結合を図ることができる。

欧州ではすでに実運用が行われており、オランダのガス会社「Gasunie」では、千キロワットの太陽光による電気分解で水素を製造、圧縮して需要家に配送、さらには電力系統

図27 Power to X ソリューションとイノベーションの相乗効果

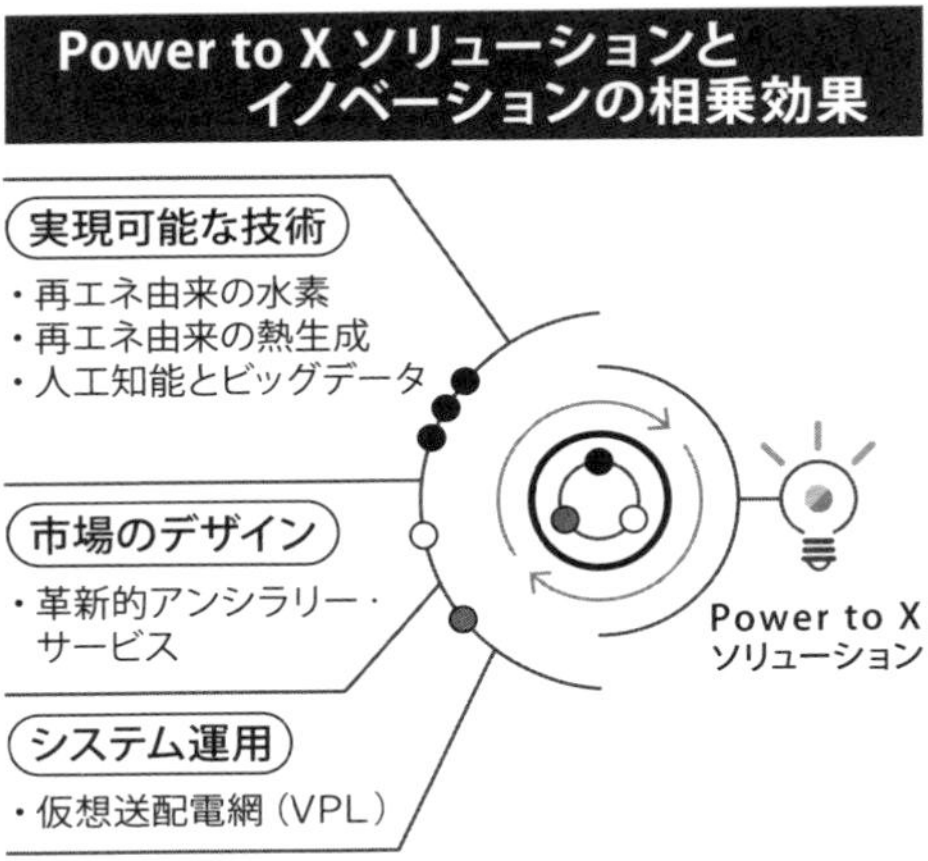

にアンシラリーサービスを提供する。ドイツの「Refhyne」プロジェクトでは、1万キロワットの電気分解により、水素を製造して既存のメタン改質装置を置き換える。同時に、プライマリー予備力を電力系統運用者に提供。また英国スコットランドの「Heat Smart Orkney」プロジェクトでは風力発電の電気から熱を製造して家庭に供給、電力過剰時の風力抑制を防ぐ最適制御が行われている。

地域や工場に分散設置される再生可能エネルギー由来の「Power to X」により、電力セクターの安定運用と熱、水素インフラとの地域レベルでの結合が図られることが期待される。これらは洋上風力発電を長距離送電することと比較衡量で語られるが、脱炭素社会を実現するためには、これらを最適に組み合わせることを追求すべきではないか。

◆エンドツーエンド（E2E）へと向かう電力系統

本章で述べている通り、分散電源の連系拡大に向けて、配電系統の分散化が進んでいる。従来の電力系統のように電力会社の中央給電指令所から限られた数の大規模発電所（数十カ所レベル）に対して時々刻々の指令信号を送って需給や潮流調整を行っていた時代と比較すると、数百万〜数千万という膨大な数の分散電源が需給や潮流調整に参加することになる。

その際の電力系統の需給・潮流調整を考える上では、インターネットが参考になるはずだ。インターネットが出現する前は、情報通信の世界でも、大規模な計算機センターにモデムと通信回線でオフィスや研究室の端末から接続したり、同様の形態でパソコン通信の電子掲示板や電子メールが運営されたりしていた。

図28　エンドツーエンドに向かう電力系統［1］

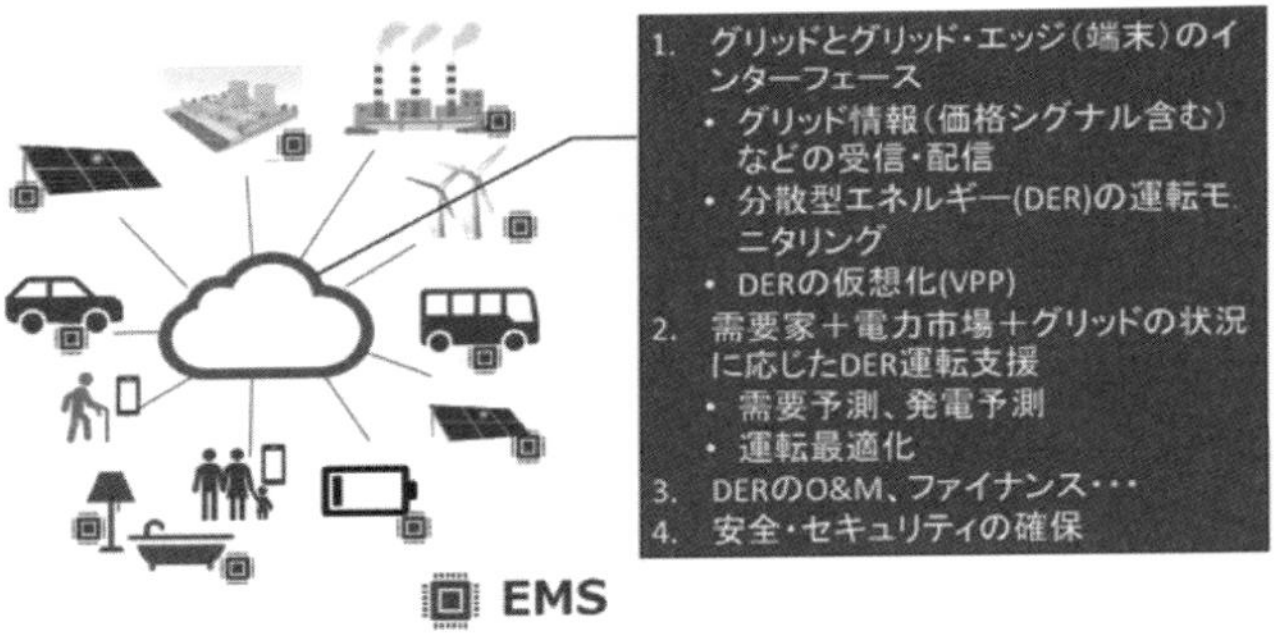
1. グリッドとグリッド・エッジ（端末）のインターフェース
・グリッド情報（価格シグナル含む）などの受信・配信
・分散型エネルギー(DER)の運転モニタリング
・DERの仮想化(VPP)
2. 需要家＋電力市場＋グリッドの状況に応じたDER運転支援
・需要予測、発電予測
・運転最適化
3. DERのO&M、ファイナンス・・・
4. 安全・セキュリティの確保
EMS

ところがインターネットの出現により、情報の分散化が一気に進み、数々のイノベーションがもたらされたことは周知の通りである。

インターネットの設計原理では、エンドツーエンド（End-to-End：E2E）という原則が採用されている。エンドツーエンドとは、「両端で」あるいは「端から端まで」という意味だが、インターネットでは、高度な通信制御や複雑な機能を末端のシステムが担い、経路上のシステムは単に信号やデータの中継と伝送のみを行うという意味で使われている。つまり、端末側をインテリジェントにして、ダムネットワーク（馬鹿なネットワーク）と組み合わせるのである。

これと対極的な考え方にインテリジェントネットワークという設計思想があった。だが、結局は普及しなかった。端末側にインテリジェントを持たせたことで、様々なアイデアが組み合わされ、圧倒的なスピードでイノベーションが進んだのに対して、ネットワークをインテリジェントにしようとすればどうしても中央集権的となり、イノベーションが進まなかったためである。

このように考えれば、電力系統でも端末側にインテリジェンスを持たせるのがよいだろうと分かる。電力の需給・潮流調整を考える上では、端末のインテリジェンスとは、エネルギーマネジメントシステム（Energy Management System：ＥＭＳ）のことを指す。すなわち、図26に示したように、あらゆる端末にＥＭＳが組み込まれ、クラウドとのやり取りを通じて全体の需給・潮流が調整されることになる。なお、これらの端末のことをグリッドエッジデバイスと呼ぶこともある。

グリッドエッジデバイスとクラウドの間でやり取りされる情報には、さまざまなものが考えられるが、電力系統内の需給や混雑の状況を反映した「価格シグナル」を用いることが有力だ。従来の電力系統でも、中央給電指令所で各発電所の増分燃料費（ラムダと呼ばれる）が算出され、混雑がない場合にはすべての発電所が同一のラムダとなるように出力指令が行われている（等ラムダ法と呼ばれる）のであり、価格シグナルと限界費用、すなわち当該出力状態における増分燃料費が等価であると考えれば、分散電源やすべてのグリ

図29　Utility 3.0の実装

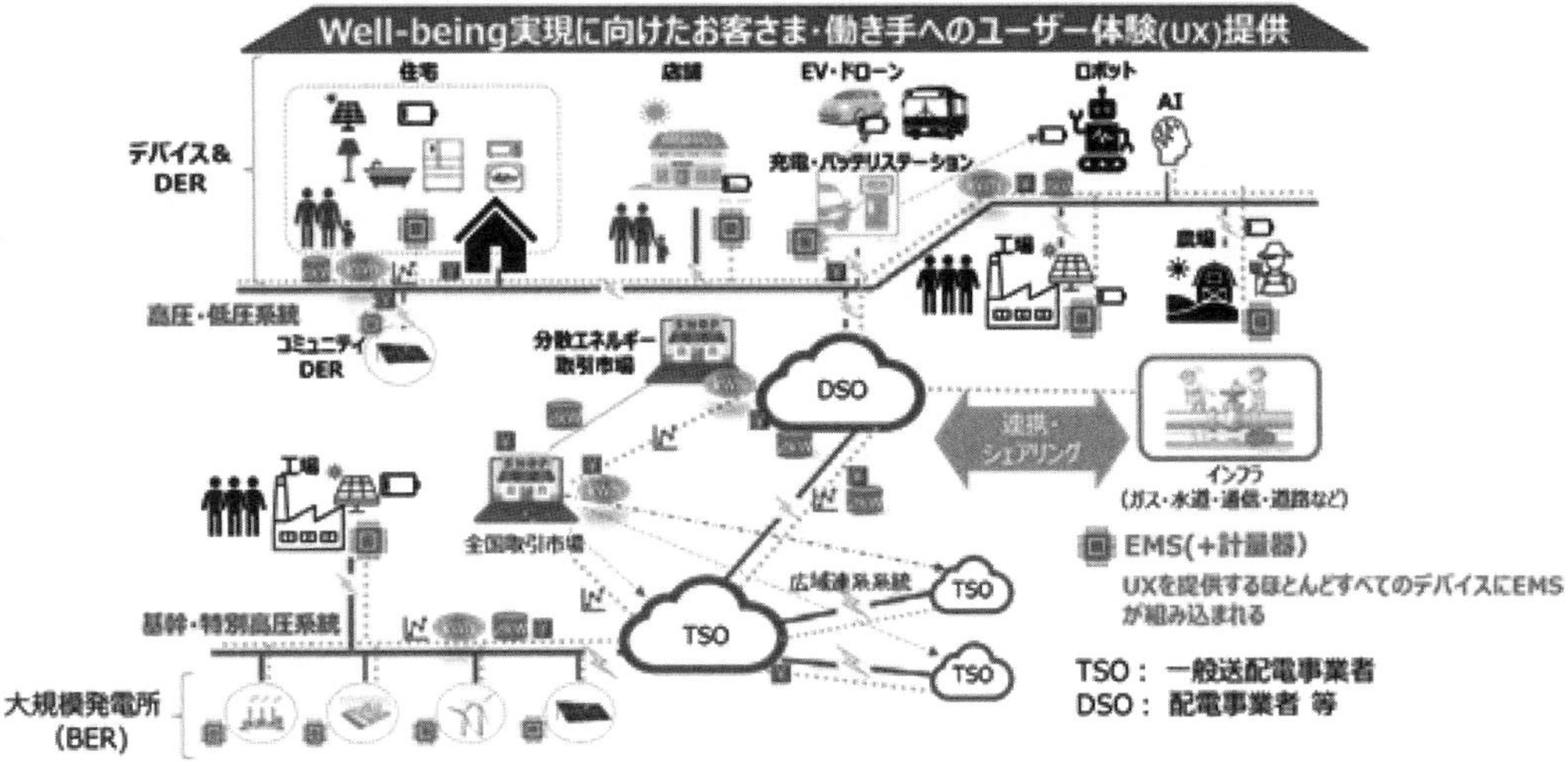

ッドエッジデバイスに対しても価格シグナルを配信することは需給調整上、自然な考え方である。

国際大電力システム会議（ＣＩＧＲＥ）は、１９２１年に設立され、電力系統に関する知見を交換するグローバルコミュニティである。最近では、対象がエンドツーエンドの電力系統であることを強調するようになってきた。カーボンニュートラルに向けて導入が進む蓄電池、電気自動車・充電器やヒートポンプのような需要サイドの技術や、さらには電気による水素製造装置なども、すべてを電力系統の端末であると考えることができ、ＣＩＧＲＥとしては、これらをすべて対象領域として取り扱い、エナジートランジションを加速すると宣言しているのである。

いずれは、ＤＸ（デジタルトランスフォーメーション）を支えるデータセンターやＡＩ（人工知能）でさえも、電力系統の端末であると認識されるようになるだろう。

さて、図28を実装する上で課題となるのは、ここでも述べた端末の多様さと数の多さである。大規模な原子力発電所では1ユニットが１００万キロワット以上となるのに対して、小規模の屋根置き太陽光では数キロワット程度と、規模に１００万倍近い差がある。また、これらの端末が接続されるのも、50万Ｖの基幹系統から１００Ｖの低圧系統に至るまでさまざまある。これらのさまざまなネットワークの混雑を考慮しながら、電力系統の需給を調整する必要がある。これを図29に示したような3階層に分けて扱い、各階層をつなぐことで、全体最適を目指していくことが考えられる。

図29の最上位には、Well－being実現に向けたお客さま・働き手へのユーザー体験（UX）を提供するデバイス群と、これらを動かすためのDERがあり、お客さまの宅内や店舗・オフィス、工場・農場などお客さま構内でのエネルギーマネジメントの第1階層がある。

ボトムの第3階層には、広域化された全国取引市場がすでに整備されている。東京電力パワーグリッドは、中間の第2階層に地域のエネルギーマネジメントのための分散エネルギー取引市場をおいて第1階層と第3階層を連動させることを提言している。これによって、配電系統・ローカル系統・基幹系統まで一貫したネットワークの混雑管理や、分散型システムと大規模電力システムの最適な需給協調を実現することができる。

その実現にあたっては、サービスやアプリケーションを載せやすく、かつ相互に繋がる仕組みをリファレンスモデルとして合意することや、お客さまが自由に組み合わせ可能な仕組み、サイバーセキュリティ・プライバシーの確保が必要となる。

また、業務用・産業用に加えて、宅内の電化製品や蓄電池等を制御するためのスマートエネルギーハブ（スマート分電盤）や、大量のＥＶの充放電を最適化する技術も重要になっていくと考えられる。

このように考えてみれば、エネルギーシステムがエンドツーエンドに向かうにつれて、インターネットとの融合が進むと同時に創発によるイノベーションが促され、ＧＸ（グリーントランスフォーメーション）とＤＸを同時達成するための統合されたインフラの形成と多様なサービス実現につながっていく、ということができよう。

◆直流技術展開を考える

本書では、グリーンとデジタルの進展と並行して転換の進む電力系統について、さまざまな観点で深掘りしてきた。８つのＤという背景に加え、熱・交通との融合を意味するセクターカップリングは電化率を押し上げ、また、過去に見られないような電力の供給・利用形態も想定されることから、既存の電力系統を軸に、さらなる高度化、最適化を目指し進化させる必要性が生じている。

需要家側の負荷機器についても、大きな変化がある。電力利用はこれまで照明、電熱、動力（モーター）などが需要側の主用途だったが、近年、情報・通信・放送・映像機器等の直流消費型の負荷機器の利用が増加している。

照明については、より省電力で発光効率の高いＬＥＤ器具、動力や冷暖房、調理器具についても交流を一度直流に変換し、その後、直流から任意の周波数の交流に変換するインバーター搭載型の機器が、効率性や利便性の観点で増えている。

市販の大半の家電機器も、50／60ヘルツ併用、また、１００～２００Ｖ兼用ＡＣアダプターなどが多数ある。いずれも、電力変換の過程ではやはり、直流を用いている。今後、大量導入が見込まれる太陽光発電や燃料電池の直流型の創エネ、蓄電池やＥＶを含む蓄エネとの組み合わせ、すなわち、遍在するＤＥＲと需要家の負荷利用との統合化も含め、需要地系統の最適化について検討することは重要な課題の一つである。

これらに共通するキーワード・技術が「直流」である。送電分野ではＨＶＤＣ送電が長距離電路や海底（水底）のルートで、国内外で導入されており、今後も拡大や機能拡充が期待されている。交流方式とのコスト比較では、制約があるものの、電路が特定の長さ以

図30　直流⇔交流変換の例

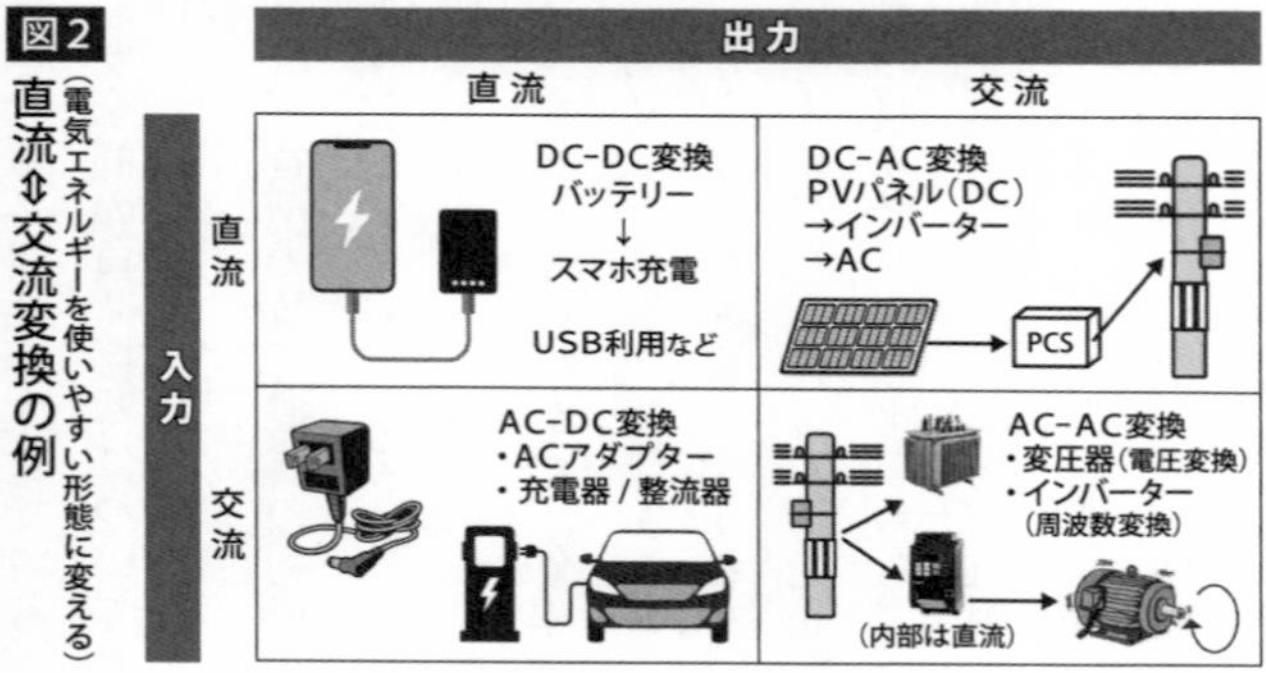

上になると直流方式が有利とされている。2線（接地方法によっては1線）で送電できること、また、交流正弦波のピークと対比し絶縁で有利となるほか、充電電流や表皮効果の影響を受けないなど、電力輸送の観点では、直流はいくつかの利点を有している。

　では基幹系統ではなく、需要地系統の配電やビル内や特定区域内の給電に直流は使えるのだろうか。交流と直流については、19世紀後半、米国を舞台にしたエジソンとテスラの「電流戦争」が有名だが、現在そして将来に向けて、エネルギー利活用が多様化する需要地系統に直流がどのように機能するかについて、考えてみたい。

◆直流への理解と利用拡大

コンセントにプラグを挿せば電気を利用できることは、蛇口をひねると水が出ることと同様に広く理解されている。だが、コンセントからは交流、また、多くの器具内部で直流が使われていることの認知度は高くないだろう。直流には、「経験がない」、「実感がない」という意見もよく聞かれる。ＬＥＤ、パソコン、ＵＳＢ充電、携帯端末、また、ＥＶも全て直流の回路で動作し、都市の移動で使う鉄道や地下鉄も多くは直流方式である。実は、身近に多くの直流があり、日々その恩恵にあずかっている。

需要地系統のスマート化のためには、需要家参加型のデマンドレスポンス（ＤＲ）やデマンド・サイド・マネジメント（ＤＳＭ）も大きな役割を占めることから、利用者側の理解、知識、また認識を高めてもらうことも必要であろう。

小学校6年生向け学習指導要領（２００8年告示）で「電気の利用」が追加された。この中で、「発電・蓄電」、「電気の変換（光、音、熱等）」は過去にない新たな項目である。

実験では、手回し式発電機で得た電気をコンデンサーに貯え、負荷消費として豆電球とLEDランプとの点灯時間を比較する。楽しみながら発電、蓄電、消費まで一体化した電気利用の理解が深まり、電気がより身近なものになる。これは、電気回路の極小モデルだが、規模や容量を拡張すれば、その延長線上に直流マイクログリッド、もしくは直流配電システムを構築できる。

需要地系統には、多くのDERや需要があり、管理対象数は多く複雑になる。その一方で、新規のサービスやビジネスモデルの創造も期待できる。一方、既存の電力系統に大量の再生可能エネルギー電源を接続すると、逆潮流による電圧管理値逸脱や、電力品質の悪化、不安定化や信頼性低下、慣性力不足などの様々な悪影響が懸念される。

DERを交流側ではなく、負荷機器側の直流母線に接続・統合し、1台の電力変換装置を介して既存の電力系統と連系する方式がある。通信施設やデータセンターのほか、住宅や産業施設でも事例があり、世界的にも同様の報告が増えている。これらは、前述の電気利用の実験と同じコンセプトである。複数のDERと負荷機器を一定の区域や建物内で統合しつつ、既存の交流系統との連系、解列も容易かつ任意にできるシステムは米国エネルギー省や複数の州法が定義するマイクログリッドそのものであり、エネルギー効率改善のほか電力系統に生じる諸問題の解決にも役立つ。

◆直流と水流の類似性

前項で紹介した小学校理科での実験装置は、極めてシンプルな直流回路だが、電気の流れが複雑な制御によらず、電圧差のみで動いている。直流のユニークな点は、この制御が電圧のみで実現できるということである。直流を考える場合、電気の流れを水に置き換えると概念や理屈が生活体験を交え、容易に理解できるであろう。水は高低差が大きく、水路が大きいほど流れやすい。2地点間の高低差を変えることで水流の向きと量を制御できる。高低差を電位差、水路を電路に置き換えれば直流の電気回路に置き換わる。

出力が不安定な再生可能エネルギーが主力電源となった場合、発電と需要の量が整合しないため、需給調整を行うための蓄電機能が必須となる。これを水に例えると、豪雨が発生する場合、河川の氾濫を防ぐためにダムや溜め池などの貯水設備が必要となり、渇水期には貯水設備から灌漑用や生活用などに活用できる。

図31　直流送電の基本構成

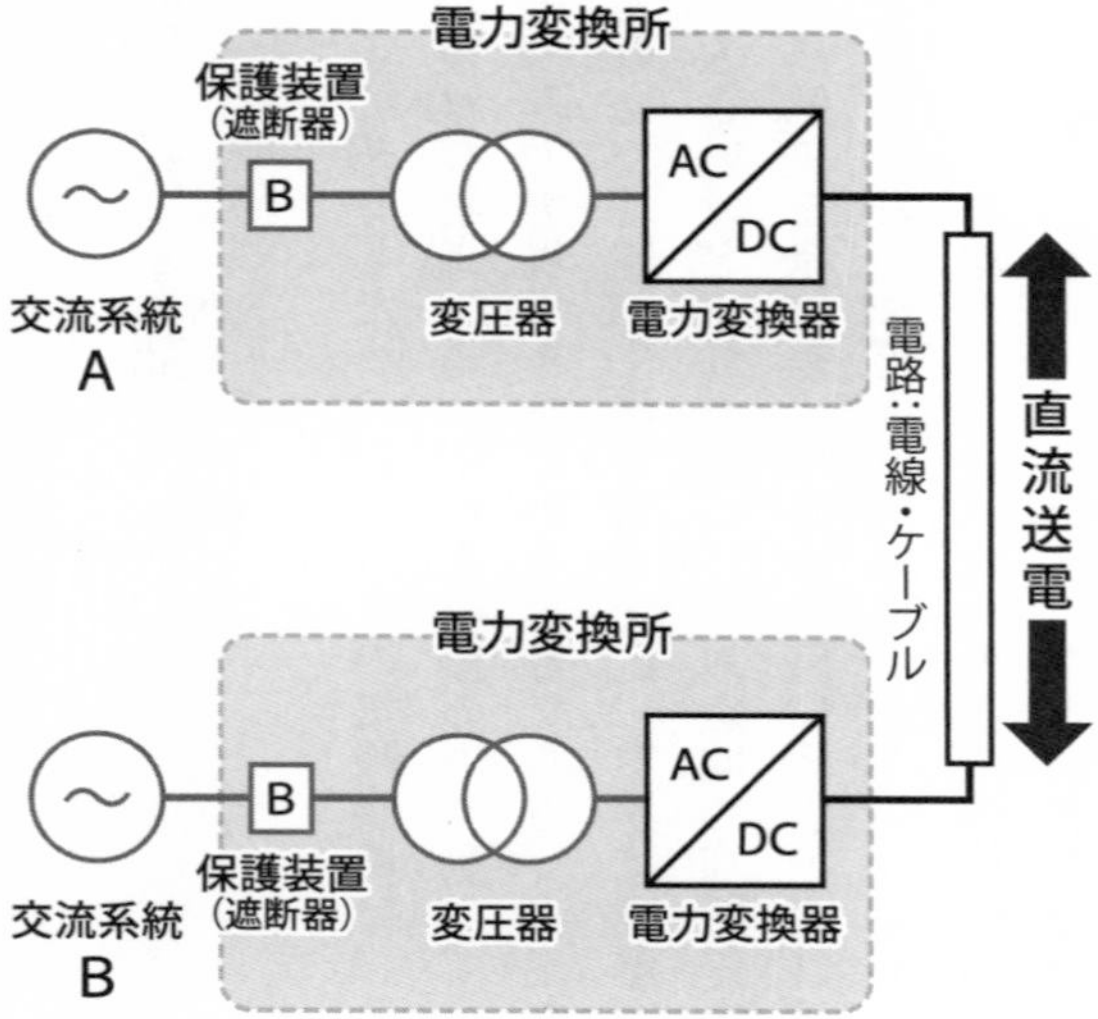

また、水路や運河の途中に閘門（こうもん）・堰を設けることで、高低差を克服できる。例えば、パナマ運河や世界遺産でもあるミディ運河（フランス）では、双方向に船舶の航行が可能である。前後の2カ所の閘門を閉じ、区切られた部分の水位を同一とする区間をいくつか設けることで、標高の低い方から高い方へ船が進む、すなわち「船が山を登る」ことも可能とする。

電力系統においても、電位差利用・制御、蓄電、および絶縁分離により、複雑化、不安定化してゆく運用管理に資する直流利活用の技術が必要になるだろう。なお、ここでいう絶縁分離とは、交直変換や直直変換などの電力変換装置によるネットワーク上のノード点を意味する。自立運転を可能とするＤＥＲと負荷需要が一体化したエネルギーシステムは、マイクログリッドでもあり、大規模系統との連系点に絶縁分離の機能が必要になる。系統側、マイクログリッド側、相互のトラブル干渉・波及を防ぐ意味でも、適切な部分に堰をいれることが信頼度確保のために必要になる。

歴史上、水源があり、高度な治水技術の発展したところに文明がある。オランダは国土の大半が海抜以下だが、農作や酪農のほかアムステルダムのような都市も形成し、風力から得た動力を利用した水位を調整・管理するなど自然と人々の暮らしを共存させた。直流電力を水に置き換えてみたが、スマート化のヒントが秘められているのではなかろうか。

◆海外の直流利活用

２０５０年のグリーン化に向け、多くの国が研究開発と社会実装を目指したさまざまな実証事業などに取り組んでいる。直流技術に関連する代表的な事例をいくつか紹介する。

「Ａｎｇｌｅ―ＤＣ」は英国東部ウェールズとメナイ海峡（約５００メートル）を挟んだ島との間で交流送電路を直流に置換する。電力輸送容量の増強と混雑解消を目的とした実証で、電力・ガス市場規制庁（Ｏｆｇｅｍ）の支援を受け、スコティッシュ・パワー・エナジー・ネットワーク（Scottish Power Energy Networks）を中心に２０１６年１月にスタートした。

送電ケーブル、架空線、鉄塔などの設備をそのまま直流向けに転用、投資額の抑制や施工期間短縮、諸制約の緩和を狙う。英国初の電力系統運用者による中圧直流（ＭＶＤＣ）技術で、システム運用の安定性、信頼性や電力品質などを検証する。

英国では低圧直流（ＬＶＤＣ）分野の実証事業も進行している。同じくスコティッシュ・パワー・エナジー・ネットワークが取り組む「ＬＶ　Ｅｎｇｉｎｅ」という実証事業は、既存の変圧器に代わり、パワーエレクトロニクスを主体とするソリッド・ステート変圧器（ＳＳＴ）を既存の配電事業に適用するものだ。

エネルギーとしての電気の扱い方が急激に変わり、特に、分散型電源や急速ＥＶ充電器の導入拡大につれて様々な問題が生じている。配電系統においても電力潮流、適正電圧の維持、電力品質などの問題に対して、従来の変圧器では対応することが困難になっている。ＬＶ Ｅｎｇｉｎｅでは、ＳＳＴと配下のスマートメーターとの情報のやり取りにより、配電分野の最適化、効率化を目指している。さらに、従来の交流供給に加え、ＥＶ充電器、ＬＥＤ照明、また直流負荷に適した直流供給も実証項目に含まれており、英国初の需要家向け直流供給として注目されている。

アジアでは、韓国が直流に関する技術開発が盛んである。エネルギー基本計画で関連政策を進めつつ、研究開発、技術実証とも歩調を合わせる。

２０１４年に発表された第２次エネルギー基本計画では、産業基盤確立と雇用拡大、海外市場獲得のため、直流送電システムの純国産化の目標を盛り込んだ。続く２０１９年の第３次エネルギー基本計画には、半導体・電池・自動車の産業融合、また、再生可能エネルギー・ＥＶの導入拡大、および電力系統の柔軟性や信頼性向上のため、中圧直流や低圧直流の開発推進も記されている。

直流配電事業化のため、規制自由特区として指定された全南道には、最大容量６万キロワットの直流電力を流通させる設備を開発・導入する。設備をコンパクト化し、かつ輸送力を拡大し、大規模な再生可能エネルギー源を直流連系する実証が２０２０年度から開始

図32　張北4端子フレキシブルHVDC送電システム

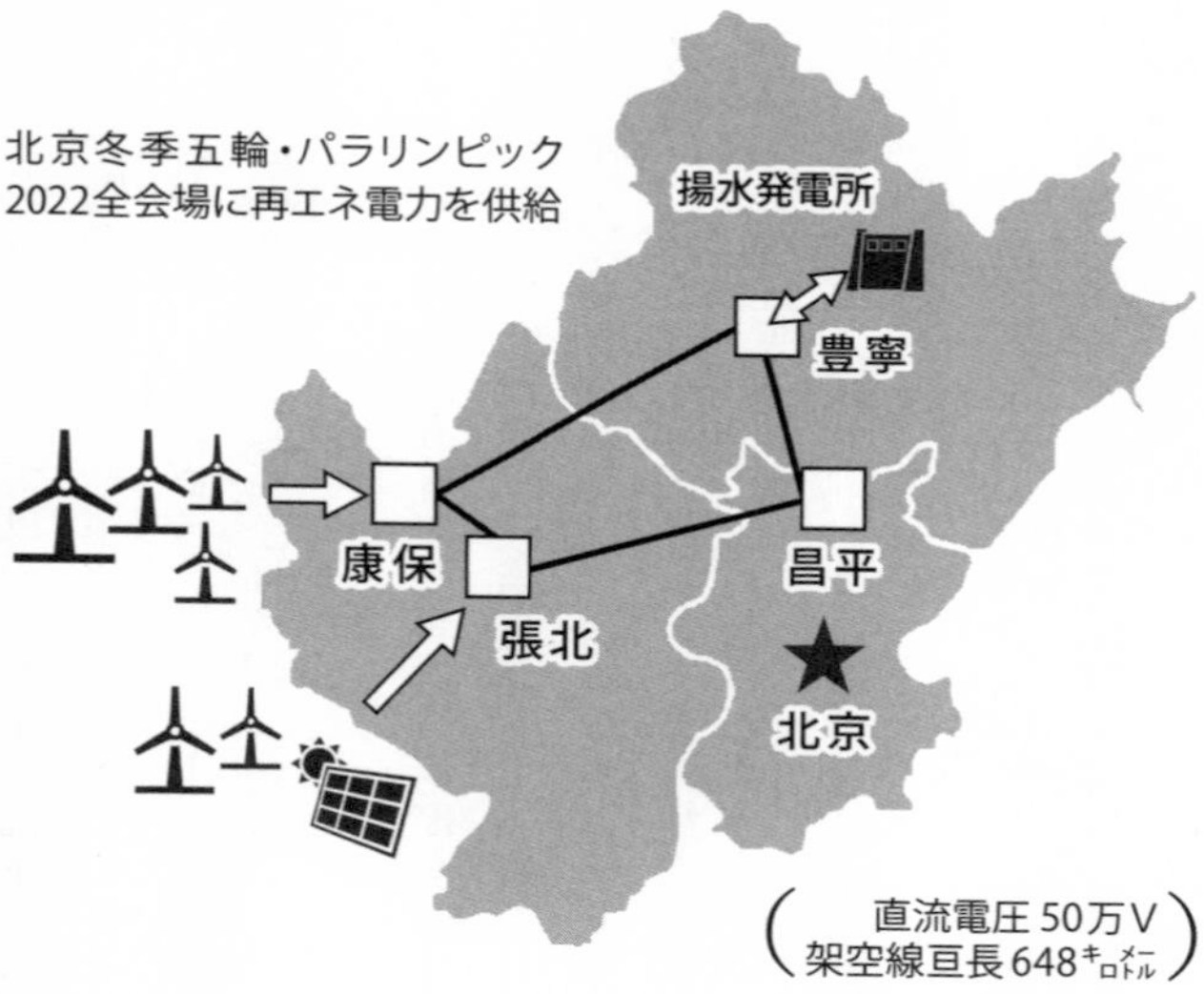

されている。

韓国電力公社の本社もある同実証エリアには、同社も運営に関与する韓国エネルギー工科大学（ＫＥＮＴＥＣＨ）が２０２２年３月に開校した。直流を含む次世代グリッドや水素、環境など電力・エネルギー関連技術の人材輩出が期待されており、産学官の連携、ヒト・モノ・コト作りの姿勢がうかがえる。

中華人民共和国（中国）においても、直流技術の活用は盛んである。１９８７年、中国初となるＨＶＤＣ送電システムの導入後、外国企業との合弁や国産化への移行などの動きとも合わせ、２０２２年時点で50以上の導入実績を有しており、世界のＨＶＤＣ送電システムの６割が中国にあるといわれている。

習近平氏は、２０３０年炭素のピークアウトや２０６０年のカーボンニュートラルを宣言したが、ＨＶＤＣで培った技術が、再生可能エネルギー・蓄エネ・負荷機器類の配電網への統合推進に活かされることになる。より複雑になる配電網、特に1万Ｖ以下の配電網の構築における中低電圧直流に関する各種事業が、中国全土で推進されている。ＩＣＴや再生可能エネルギー・ＥＶ・蓄電池の導入拡大をトリガーにして、将来的には、送電から低圧需要までの一気通貫でフレキシブルな直流システムの展開が期待されている。

◆交直ハイブリット化への取り組み状況

遍在するＤＥＲや負荷機器を統合制御する優れた技術として近年、直流への関心が高まっている。過去には「直流か、交流か」の二者択一の時代があったが、グリーン、デジタルを系統に取り入れ、進化させるためには「直流も、交流も」の二刀流の時代となる。すなわち、エジソンとテスラの「電流戦争」は休戦協定を経て協調の時代に移行している。

一世紀以上にもわたり、多くの資本・人的リソースが投下され、多くの知見やノウハウもある交流系統は、成熟した事業・産業インフラである。当然、継続性を保ちながらこれらの資産を有効に活用しつつ、機能や効率を上げるためには、部分的に直流を適用する「交直ハイブリット化」が現実解であろう。

海外では、既存の交流系統をベースに直流を活用する検討や実証が始まっている。

ドイツでは、アーヘン工科大学がキャンパス内に既存交流系統との連系を想定した直流系統・FEN（Flexible Electrical Networks）を構築。パワーエレクトロニクスの基礎研究開発や実証に加え、社会実装や標準化なども検討している。FENは、直流プラスマイナス5kVの多端子系統だが、各端子（交直変換器）には、既存の交流系統との接続があり、異なる変電所間の非同期連系バイパスの役割も果たすなど、将来の交直ハイブリッドを想定した構成としている。

欧州委員会の国際的研究・イノベーションのプログラムでは、スペインを軸に8カ国が参加するタイゴンという実証事業がある。前述の2例同様、既存の交流と直流とのハイブリッド系統を目指すものだ。プロジェクトの名称であるタイゴン（TIGON）は、タイガー（父）とライオン（母）の人工的な交雑種を示すが、交流と直流による電力版の異種交配実現の狙いがあるという。

また、ニュージーランドでは、政府の支援の下で、カンタベリー大学を中心に5大学および海外大学などとの連携によるＦＡＮ（Future Architecture of the Network）という7年間の研究事業が２０２０年から始まった。研究では、将来の低炭素化やレジリエンス強化のための系統のあり方を追求していく。既存の交流系統に、直流を加える手順や過程を検討し、全体最適化のゴールであるハイブリッド系統への解を導く。

韓国政府（産業通商資源部）も、２０２２年12月、次世代交直ハイブリッド配電ネットワーク技術による未来型配電網技術開発事業に着手、２０３０年までの実用化を目指すことを発表した。この事業は、韓国政府による国家プロジェクトであり、官民合わせた開発費の総額は約３９０億円相当であり、技術確立に向けた意気込みが感じられる。

交流の電力系統に直流を加えることは、技術のみならず制度、法令・規格類、また、経済性や慣例・社会的な認知、受容性など様々な課題をクリアする必要があり、困難を伴う。取り上げた事例は電力系統が整った先進国での取り組みで、そこはブラウンフィールドでありグリーンフィールドより難易度が高い。転換の手順や段取りの整理が必須で参考になるため、これらの動向に注目したい。

◆直流技術の今後の展開

電気事業の始まりは、エジソンが1882年9月、米国ニューヨーク州マンハッタンに構築した直流配電として知られる。発電機や配電と保護（ヒューズ）、負荷（白熱電球）のほか、直流用計量器まで事業に必要なシステム全体を開発し、ビジネスモデルを確立した。

また、エジソンは蓄電池の改良にも多くの時間を費やした。馬車が自動車に代わりつつある時代に、である。エジソンが運営する会社の技術者の1人が、その後自動車王となるヘンリー・フォードだった。のちに、ガソリンエンジンを搭載した自動車を発明し事業化に成功する。

このアイデアに対しても、エジソンは、エンジン自体を自家用発電装置として想像していたようだ。エジソンとフォードの交流は続く。エジソンは蓄電池の改良を継続し、有益性を証明。車載用にも適用されることになる。この功績により、フォードに続き、エジソン自身も1969年に自動車殿堂入りを果たしている。電気自動車の普及には、発電所が必要なこともあり、エジソンは小型の風力発電を設計、自ら改良した蓄電池との組み合わせで、エネルギーの自給自足ができる家（オフグリッドシステム）も発表している。

岸田文雄首相は、クリーンエネルギー分野への大胆な投資や送配電網のバージョンアップ、蓄電池の導入拡大政策を掲げている。需要地系統における蓄エネルギーは、蓄電池の大量導入の仕組みを中心に、DERの最適活用として考える必要がある。

従来の発電所、送配電網、変電所、変換所に加えて、『蓄電所』という概念は、系統に対して運用の自由度や柔軟性をもたらす。蓄電池の原理は、電気エネルギーを正負極に化学エネルギーとして変換し、充電（蓄電）、保存（貯蔵）して、必要な時に電気エネルギーへ再変換・放電し、直流の電力として利用することだ。蓄電池の有効利用に向けて再エネ電源や現代の負荷機器とも親和性の高い直流配電、直流系統に関する技術体系の確立と整備が急務になる。

1100件近くの特許と発明、事業家としても活躍したエジソンは数多くの名言、予言を残した。その1つに次の言葉がある。

「将来は、全ての家が発電所になり、全ての家庭が車を持つようになるであろう」。

技術革新や社会背景の変化に伴い、エネルギーの新たな利用形態が求められる中、エジソンが描いた夢や予言がテスラ（電気自動車メーカー）の手助けにより実現するかもしれない。

【第五章】

新たな協調の形とリスク対応

——最適システム運用に必要な調整力のあり方とは

電力系統は、発電から送変電、配電、需要設備が有機的に一体となったシステムだ。再生可能エネルギーや分散型エネルギー資源の普及拡大が、システムとしての電力系統にどのような影響を及ぼすのか。先行する米国や欧州の事例から、問題点や最適化へ向けた方策を考える。さらに、慣性力と同期化力が低下する中で、さまざまなリスクにどう対応するのかを考察した。

◆システムとして捉える

今日において、「電力系統をシステムとして捉える」ことに違和感や反論を唱える向きは少ないだろう。しかし、1880年代に米国、そして日本で興ったばかりの電気事業は、単一の発電機から周辺の需要家の電灯用に電気を供給する個別の仕組みで、次のように定義される「システム」には程遠いものであった。「システムとは連係して目的を果たすためにしかるべく選定され、連係して動作するところの一連のコンポーネントの組み合わせ」（猪瀬博・東大教授、当時）。

この定義に従えば、電力系統は発電から配電までに必要な設備、すなわちハードとそれを運用し制御するソフト、さらには、設備形成のための解析技術や事故時に設備を守る保護技術や安定化対策などを「コンポーネント」（構成要素）として有機的に組み合わせることで構成されたシステムということになる。

システムとしての電力系統には、まずもって、

①電力系統は電気エネルギーを大規模に貯蔵できない（生産と消費が同時）
②電力系統の動的特性は全体的であると同時に局所的でもある（電力系統は有効電力と同時に無効電力も過不足なく供給できなければならない）
――という特徴がある。

この「有効電力」「無効電力」とは、実際にモーターなどを回転させ、仕事をするのは有効電力だ。対して無効電力は、有効電力の流れを円滑にするための潤滑剤ともいうべき存在で、モーターを回すためにも電力を送電するためにも系統の各部に一定量必要となる。電力系統はその規模にかかわらず、有効電力の面からは系統が一つになって動作し、周波数の挙動を支配する。一方、無効電力は、その影響が遥か遠方に及ぶことはなく、発生と消費が局所的であり、その過不足が局所の電圧を支配する。

さらには、
③電力系統は生き物である（量的変化だけでなく、需要の変化や発電・送変電・配電の技術変化などに起因し、電力系統自体が質的に変化）
④電力系統は地理的条件や経済状況など多様な条件を踏まえて形成されているがゆえに、国や地域の違いによる個性がある

――など、他のシステムと異なる本質的な特徴がある。

この特徴を考慮しつつ、電力系統を構成するコンポーネント間や外部環境との相互作用の因果関係、動的挙動などを解析し、システムとして最適になるよう相互の協調をはかり、その結果を電力系統の設計、運用に反映させることが必要となる。

電力系統は設備が大規模なだけでなく、交流による電力輸送の物理現象そのものが非線形であり、さらに、各種制御装置の振る舞いも非線形・不連続で、かつ動的である。それゆえに、「システムとして捉える」ことが理念にとどまらず、現場で実践されるためには、電力系統発展過程での幾多の先達の知恵と汗が不可欠であった。特に、電力系統では大規模な電力貯蔵が不可能なため、電力の発生と消費が同時に行われねばならない。さらに、システム全体として制御される有効電力の変化が局所的な無効電力潮流にも影響を与えるため、局所的な制御の可能性を考慮に入れたシステム全体の制御が必要となる。

これらの制御を誤ると、大規模停電を引き起こし、社会的混乱を招くことになるため、詳細な解析と適切な計画にもとづく慎重な運用が要求される。しかし、これは複雑なため、解析や計画を数学的に厳密に行うことは一般に困難である。このため、サブシステムに分割して問題を縮小化したり、問題に応じて簡略化されたモデルを用いたりすることにより、運用・計画の指針を得ているのが実際であり、ここにこそ先達の知恵と汗の歴史が刻まれている。

本書では、「需要の能動化」に代表される需要サイドの変貌が及ぼす影響を特筆できるよう、面的に広がる需要への電力供給を担う電力系統を一括して「需要地系統（地域供給系統＋配電系統）」とし、「電力系統」を「基幹系統」と「需要地系統」の2つのレイヤーに区分し論じている。

しかし、電力系統は、発電から送変電、配電、需要設備が有機的に一体となったシステムであるため、基幹系統と需要地系統が独自の振る舞いをするのでなく、系統一貫の協調がとれた計画・設計・運用・保守の下で最高度のパフォーマンスを発揮し、社会的便益（S＋3E）を最大化することが必要である。これが、電力系統を「システムとして捉える」ことの真骨頂だといえる。

既存の電力系統では、発電所から需要へ電気の流れが一方向で、基幹系統から需要地系統への下り方向の電力潮流が流れるという前提に基づいたシステムとして、計画・設計・運用・保守のプラクティスが考案されている。需要地系統は、受動的なかたまりの負荷として、歴史的に機能してきた。では、再生可能エネルギーや分散型エネルギー資源（ＤＥＲ）の普及拡大が何をもたらすのか、先行する欧米の動向をひもといてみよう。

◆ＴＳＯとＤＳＯの役割

日本でも、２０２０年から発送電分離が実施されたが、送電と配電は一体となっている。一方、欧米の場合は組織的に送電事業者（ＴＳＯ）と配電事業者（ＤＳＯ）が分離独立している。これは、歴史的に元々分離されており、特別な理由で分離したものではない。

例えば、４大電力会社で国全体の電力供給を行っていたドイツは、電力改革により発電事業、ＴＳＯとＤＳＯ、小売事業に分離された。実は、４大電力会社に集約される以前は、多数のＤＳＯが国全体・地域ごとに分立する状況だったものが、大手電力による買収や管理委譲により、４大電力会社に組み込まれてきた歴史がある。このため、ＤＳＯ分離に伴って時計の針が巻き戻るように、都市ごとに８００以上のＤＳＯが復活しており、シユタットベルケとして需給面で独立性の高いものもある。

他方、米国では、電力改革後に連邦法の機関となるＩＳＯ（独立系統運用機関）／ＲＴＯ（地域送電運用機関）が設立され、送電管理はＩＳＯ／ＲＴＯに移管された。一方、配電部門は、従前通り州法の管轄として分離され残った。国土が広いため、一つの州の中に垂直統合の電力会社が複数存在していたが、送電部門はＩＳＯとして州全体、さらにＲＴＯとして複数の州をカバーする広域的な送電管理へ移行する一方、配電部門は電力会社などの管轄区域にＤＳＯとして残った歴史がある。

ＴＳＯからＤＳＯへの電力の引き渡しについてはどうか。ドイツの場合は、おおむね11万Ｖの変電所であり、ＴＳＯはこの接点において少なくとも一つのＢＲＰ（Balancing Responsible Party＝需給調整責任会社）を指名し、ＴＳＯはＢＲＰとのみ電力の取引を行い、インバランスの責任もＢＲＰに負わせる方式になっている。他方、米国では、11万～15万Ｖが送配電の境界となることが多く、このＩＳＯ／ＲＴＯからＤＳＯへ電力を受け渡す接点をノーダルプライシングのノードとして、地点ごとに電力卸売価格を設定する。

電力を受け取る取引主体は、ノードごとに所管する需要を一つの取引にまとめ、ＩＳＯ

図33　米国のノード数

ISO 名	ノード数
California ISO	7304
ERCOT ISO	12117
Midcontinent ISO	1842
New England ISO	1066
New York ISO	507
PJM ISO	11034
SPP	7375

ABB 資料より

／ＲＴＯと市場取引を行う必要があり、インバランス対応も含め、需給バランシングについて一定の責任と管理を行うことが求められている。両国ともに、ＴＳＯとＤＳＯの接点における需給バランシングの責任者が、ＴＳＯの需給バランシングの前処理となる地域需給バランシングを担う形になっている。

◆ＤＥＲ普及のインパクト

欧州では再生可能エネルギー、デマンドレスポンス、電力貯蔵などのＤＥＲの普及が日本より先んじている。ＤＥＲの普及が進むにつれ、電力系統に与えるインパクトが大きくなっている。

電力の流れが大規模電源から需要家への一方向である段階では、ＤＳＯは受動的なひとかたまりの負荷として機能すればよく、ＴＳＯが市場を通じて確保した需給調整機能で特段の問題もなかった。ＴＳＯもＤＳＯも局所的な系統上の課題に対応すればよかったのである。

しかし、ＤＥＲの普及が進むにつれ、集中型電源は市場競争力が低下していった。経済的メリットオーダーから外れ、市場からの退出を余儀なくされるようになった。従って、系統全体の需給調整機能に関して、ＤＳＯ側に配置されるＤＥＲが、どの程度、かつどのように退出する集中型電源に置き換わることができるかが課題となった。

一方、ＤＳＯ側では、ＤＥＲの系統接続要請が増えて設備拡充費用がかさみ、料金の上昇も懸念されはじめた。投資を抑制するため、ＤＳＯ側に接続されるＤＥＲが持つ調整力（フレキシビリティー）を活用して系統混雑を解消し、既存系統の効率運用を目指そうとしている。

こうした対応は、ＤＥＲのフレキシビリティー調達や運用に関するＴＳＯとＤＳＯの間に新たな相互影響をもたらす。例えば、系統全体の需給バランスをとるためにＤＥＲをＴＳＯが活用すると、ＤＳＯによる地域的な混雑解消を阻害する可能性がある。同様に、アクティブなネットワーク管理など革新的ソリューションをDSOが活用すれば顧客側にメリットをもたらすが、適切に管理しないとTSOが実行するアクションと整合しないケースが起こり得る。TSOとDSOの相互影響を調整するには、それぞれの役割と責任の再定義と協力レベルの強化が必要になる。

TSOとDSOの新たな協調にかかわる諸問題は、2010年代前半からEU大で検討が進められてきた。ACER（欧州エネルギー規制機関）は、2014年4月に公開した「2025年への架け橋」というタイトルのレポートで、「DSOの一部系統には大量の小規模発電が配電網に接続され、より高度な管理が必要になりつつある」とし、効率的な情報交換、混雑管理の協調、設備計画の統合などTSOとDSO間の協調方法を刷新し、それぞれの役割と責任を再定義すべきと提言している。

◆DERを調整力に活用

従来、TSOは、集中型電源を活用して電力系統全体の需給調整を担うとともに、送電系統の混雑管理を行い、地域・地方の配電網への円滑な電力輸送機能を担ってきた。送配電系統の混雑管理は「設備計画段階での対策」と「運用段階での対策」に大別できる。TSOでは、集中型電源の出力調整により電気の流れを制御する「運用段階での対策」を含め、計画・運用の両者の対策を駆使し混雑管理を行ってきたのである。

一方、DSOは「設備計画段階での対策」のみで、配電系統の混雑を回避してきた。配電系統に接続されるDERが増加する中、「運用段階での対策」、すなわち配電系統に接続されるDERの活用に注目が集まってきている。DSOは、「Connect and Forget（接続して忘れる）」として知られるDERへの従来のアプローチ（運用段階では不活用）から、市場を通じてDERが系統にサービス提供できるようにする中立的なアプローチも求められている。

これは、欧州において急速に普及拡大が進むDERを配電系統管理サービスでのフレキシビリティーに活用することを意味している。まずは、「フレキシビリティー」とは何かを整理しておきたい。

フレキシビリティーの定義には、

①電力系統の運用を維持するために所有者以外からの指令に対応可能な能力（E.DSO and Eurelectric: 2018）

②変動する電力系統の状況に効率的な費用で安定運用に貢献する能力（Ecorys and ECN: 2014）

——などがあるように、電力系統の運用を維持するために、所有者以外からの指令に基づき発電出力を柔軟に変化させることができる能力といってよい。

一方、フレキシビリティーの活用は、

①電力系統全体の需給調整サービス

②送配電系統管理サービス（電圧・無効電力調整、設備の過負荷解消といった混雑管理など）

③発電・小売事業者によるインバランス回避、当日取引などによる需給バランス調整

——に大別される。

ＴＳＯは従来、集中型電源を供給源とするフレキシビリティーを活用しているが、ＤＥＲの普及拡大により、フレキシビリティーとして活用できる集中型電源の減少と配電系統の混雑発生が継続する中で、系統全体の需給バランスの最適化と送配電系統、特に配電系

図34 デマンド・サイド・フレキシビリティーの活用

IRENAの定義によるフレキシビリティのリソース

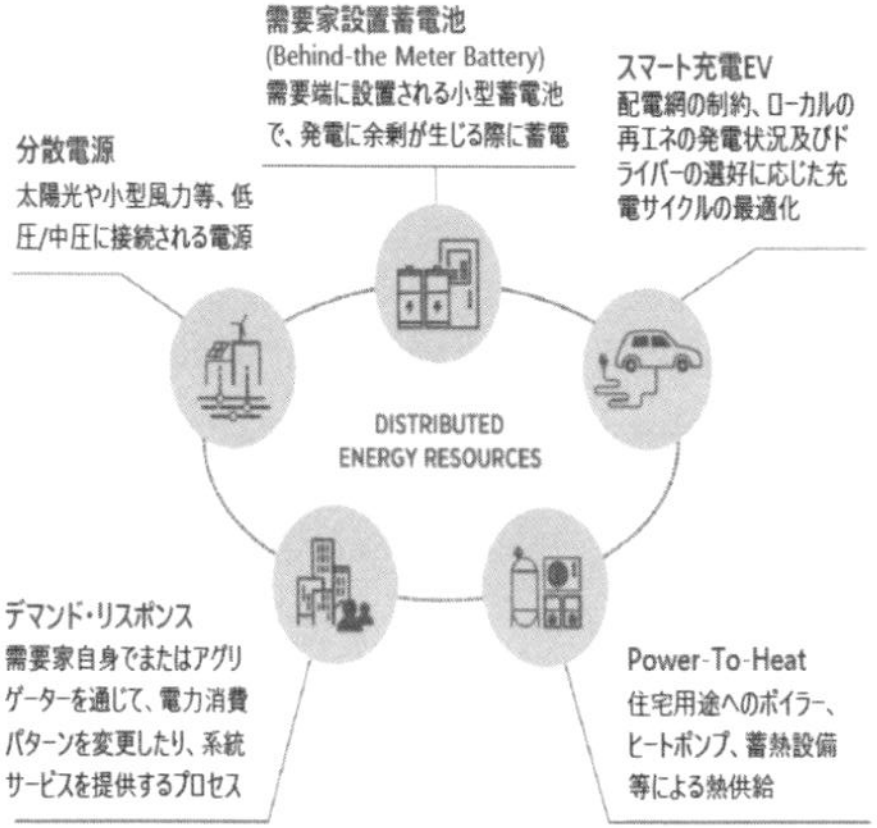
需要家設置蓄電池
(Behind-the Meter Battery)
需要端に設置される小型蓄電池で、発電に余剰が生じる際に蓄電
分散電源
太陽光や小型風力等、低圧/中圧に接続される電源
スマート充電EV
配電網の制約、ローカルの再エネの発電状況及びドライバーの選好に応じた充電サイクルの最適化
DISTRIBUTED
ENERGY RESOURCES
デマンド・リスポンス
需要家自身でまたはアグリゲーターを通じて、電力消費パターンを変更したり、系統サービスを提供するプロセス
Power-To-Heat
住宅用途へのボイラー、ヒートポンプ、蓄熱設備等による熱供給

出所）IRENA "MARKET INTEGRATION OF DISTRIBUTED ENERGY RESOURCES"2019年，

フレキシビリティの活用

【系統運用者】電力系統全体の需給調整サービス	＊周波数調整 ＊ピーク時の供給力確保 ＊再エネ余剰時の需給調整 ＊事故時の緊急供給力確保 など
【送配電事業者】送配電系統管理サービス	＊電圧・無効電力調整 ＊系統混雑管理 など
【発電・小売り事業者】	＊インバランス回避 ＊当日取引などによる需給バランス調整 など

統の混雑管理を両立させるフレキシビリティー活用メカニズムが求められている。

◆TSOとDSOの連携スキーム

ＴＳＯとＤＳＯによるフレキシビリティー利用の新たなメカニズムを構築することは、普及拡大するＤＥＲと電力系統の統合をより強固にするためにも必要不可欠である。新たなメカニズムの中心となるのが、ＴＳＯとＤＳＯの協調（連携）の強化であり、その鍵となるのは、

①両者の行為が相反することなく系統全体の需給調整と送配電系統の混雑管理を両立させる協調スキーム

②それを支えるデータ、系統情報の共有の仕組み

――である。ここでは①の協調スキームに絞って、欧州での先行研究、実証プロジェクトなどを概観してみたい。

欧州では、最適な協調関係を1つに絞り込むアプローチではなく、各国の事情を反映し

図35 TSOとDSOの協調が必要となるケース

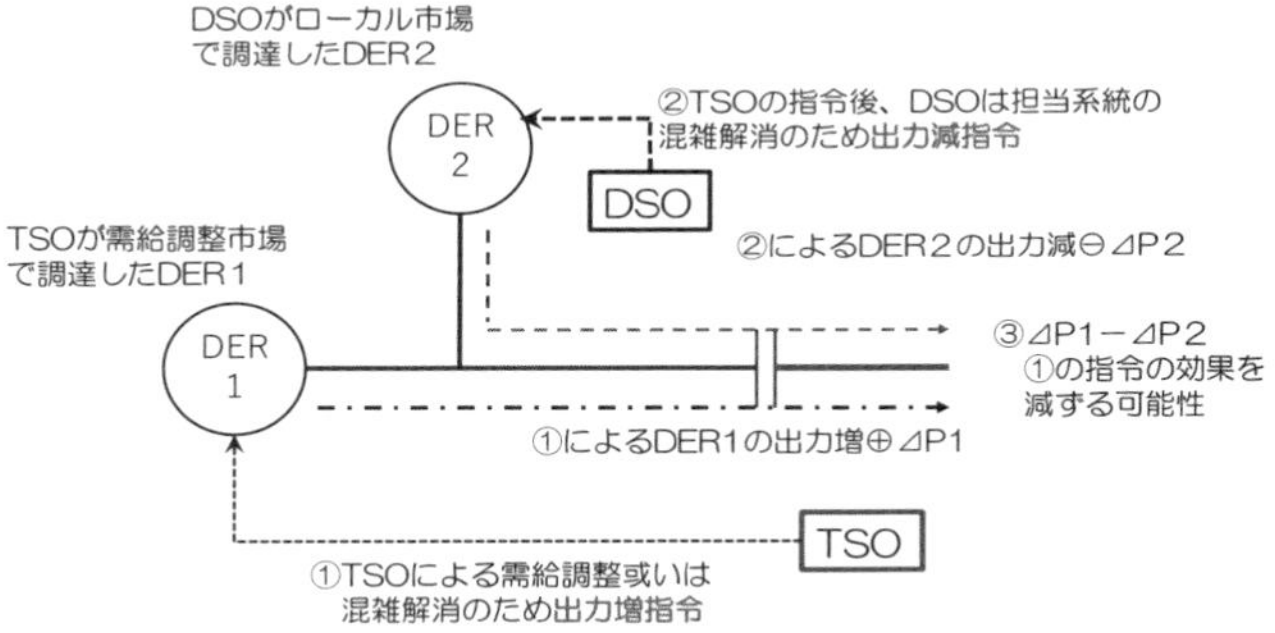

た取り組みが行われている。そのモデルは、①ＴＳＯが需給調整と混雑管理の中心になるモデル（ＴＳＯ中心モデル）②ＤＳＯが混雑管理の中心になるモデル（ＤＳＯ中心モデル）③ＴＳＯとＤＳＯの共同モデル④独立第三者モデル（その他モデル）――に大別できる。

ＴＳＯ中心モデルは、ＴＳＯが集中的な共通アンシラリーサービス市場やプラットフォームを通じて、集中型電源やＤＥＲからフレキシビリティーを調達するモデルである。

一方、ＤＳＯ中心モデルは、ＴＳＯ管理の集中的なアンシラリーサービス市場以外に、ＤＳＯごとに管理するフレキシビリティー市場やプラットフォームを設け、配電系統に接続されるＤＥＲをＤＳＯが優先的に利用する。この場合、ＴＳＯが運用する需給調整市場の機能を阻害しない仕組みが必要となる。例えば、TSOが需給調整の必要量を確保できない場合、DSOが確保したフレキシビリティーをどのようなルールでTSOに提供することが合理的かといった検討が必要となる。

3つ目はTSOとDSOが従来の役割を担うか、DSOが需給調整を担う設計に変更するかという役割の設定次第で技術的、経済的課題が変わる。

一般論としては、DERの普及がさらに拡大を続け、集中型電源の比率が減少するのであれば、フレキシビリティーの供給源の多くが配電系統に存在することになるので、DSOモデルが有効と思われる。

2016~2018年、9カ国・23の機関が参加し、コスト・便益のシミュレーションを行うことにより、5つのモデルを比較評価した「スマートネット・プロジェクト」を例に参照してみよう。

◆系統状況により異なる選択モデル

スマートネット・プロジェクトは、次の5つのTSO－DSO協調モデルを提案している。

モデル1は、「集中型アンシラリーサービス（以下AS）市場モデル」で、TSOが系統に接続されるDERと直接契約し、TSOが運営する集中型AS市場を通じて、フレキシビリティーを調達するTSO中心モデルである。TSOは、自らの決定が配電系統に新たな混雑を生まないように配慮が必要となる。

モデル2は、「ローカルAS市場モデル」で、DSOが運営するローカルなAS市場を設け、優先的に自己目的でフレキシビリティーを活用するDSO中心モデルである。DSOは市場を通じて配電系統混雑の解消のためのDERを選定する結果、需給インバランスが発生する可能性があるので、TSOとの間でフレキシビリティーに関する情報共有や需給調整が必要となる。

図36　TSO・DSO 協調モデル

TSO・DSO協調モデル 5類型

SmartNet Project

		市場運営者	フレキシビリティー調達手法
1	集中型AS市場	TSO	TSOがDERから直接調達
2	ローカルAS市場	DSO	DSOが市場調達
3	需給調整責任をシェア（2市場）	TSO DSO 個別運営	DSOが全体の需給バランス維持
4	TSO・DSO 共通のAS市場	TSOとDSOが共同で運営	総費用を最小化させるよう最適配分
5	統合型フレキシビリティー市場	独立した市場運営者	TSO・DSOはそれぞれ市場から調達

モデル3は、「需給調整責任シェアモデル」で、TSOとDSOがそれぞれ別に運営するAS市場を設け、DSOが両者間であらかじめ決められたスケジュールで配電系統の需給バランスを維持することを義務付ける。DSOは、ローカルのフレキシビリティーを確保し配電系統の混雑解消と電力系統全体の需給バランス維持の両者を担う。

モデル4は、「TSO、DSO共通型AS市場モデル」で、両者で運営する協調型の共通AS市場を通じ、それぞれの総費用が最小になるようフレキシビリティーを配分する。

モデル5は、「統合型フレキシビリテ

ィー市場モデル」で、独立した市場運営者による集中型の共通AS市場モデルである。TSOとDSOはフレキシビリティーの購入者となり、より高い支払い意思がある者にフレキシビリティーが割り当てられる。

シミュレーションでは、配電系統に大量の太陽光発電が接続されるシナリオでは、配電系統の混雑管理コスト低減に有効な2、3の総コストが最も安く、送電系統に大量の風力発電が接続されるシナリオでは、送電系統の需給調整コストの低減に効果的な1の総コストが最も安い。これは、混雑発生の頻度と発生する電圧階級に応じて選択するモデルが異なることを示唆している。また、需給調整に関しては、応答速度の遅い調整力はTSOが広域的に実施する方が望ましいとの結果が示されているように、TSOとDSOのすみ分けの可能性が有り得ると思われる。

◆LFMの動向　英国編

近年の欧州では、再生可能エネルギーを含むDERの配電系統への導入が増加すること

図37　英国のLFM実証モデル

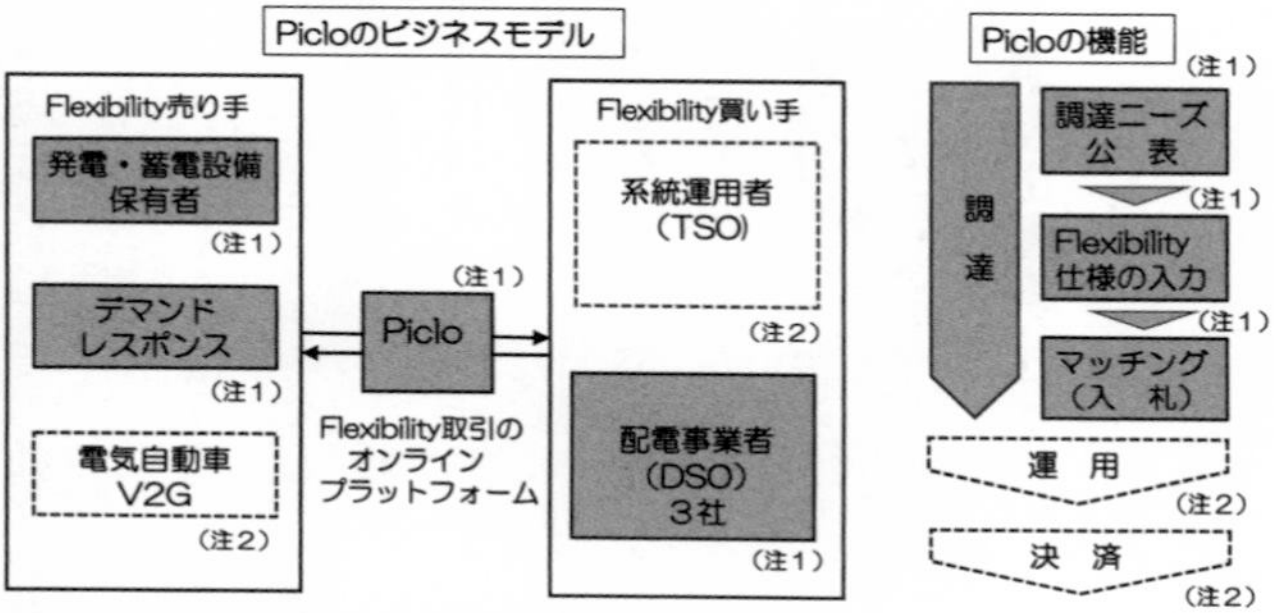

（注1）商業ベースでFlexibility取引仲介実施中
（注2）対象として想定しているが現状は未実施

で混雑発生頻度が高くなり、配電系統の設備投資の増大、ひいては託送料金の上昇が懸念されている。このため、ＤＳＯがＤＥＲをフレキシビリティーとして活用することが効率的と考えられ、ローカルフレキシビリティー市場（ＬＦＭ）と呼ばれるＤＥＲ取引プラットフォームの実証事業が検討されている。ここでは先行する英国とドイツの事例を取り上げる。

英国のＤＳＯが２０１３年からＬＦＭプロジェクトとして検討している「Ｐｉｃｌｏ　Ｆｌｅｘ」は、Ｐｉｃｌｏ社（英国のスマート・エネルギー関連ＩＴデベロッパー）のプラットフォームを利用した試行的取引を経て、２０１９年２月から商取引が開始された。エネルギー市場やＴＳＯが運営する需給調整市場とは別に、ＤＳＯが13万２千Ｖ以下の配電系統のフレキシビリティーを確保するための市場で、提供者はＤＥＲの所有者、ＤＲの能力を有する需要家と契約している小売事業者、電力貯蔵装置の保有者が想定されている。

ＤＳＯは、実運用の数カ月前に潮流想定などに基づき、混雑管理が必要な区域をＣＭＺ(Constraint Managed Zone)として、フレキシビリティーの利用用途、必要量を事前に開示し入札を行う。必要量をＤＳＯが確保できれば募集は終わり、調達したフレキシビリティーを数カ月~1年の間、確保できる。次にフレキシビリティーの確保が必要となるまで当該ＣＭＺでの募集はなく、定期的に取引が行われるわけではない。現在は、

①潮流想定に基づく計画的な混雑解消
②設備停止時の混雑発生による供給支障の予防
③故障発生後の事後的な混雑解消
④故障発生後の供給支障回避

——の4種類の商品が取引されている。設定期間は、いつでも提供可能な状態とするための確保料金と、実際にエネルギーを提供した利用料金が提供者に支払われる。

「Ｐｉｃｌｏ　Ｆｌｅｘ」は、不定期な開催が流動性向上を阻害している一因といわれ

ている。流動性が高まった際には市場メカニズムで決まる買い取り価格での取引に移行することが課題とされている。だが、ＴＳＯが不参加であるため、取引が活発化すると需給インバランスの増加や、ＴＳＯ－ＤＳＯ間の混雑管理上のコンフリクトの頻発など、ＴＳＯとの協調関係の構築が必要とされている。

◆ＬＦＭの動向　ドイツ編

ドイツでも、再生可能エネルギーをはじめとするＤＥＲの配電系統への導入が進み、さらに拡大することが見込まれている。送配電系統の増強が必要となるが、対応の遅れが顕在化している。その結果、送配電系統の混雑が課題となっている。混雑は一過性のものでなく、２０５０年までに再生可能エネルギー比率を80％とする国家目標を考慮すると、従来の増強のやり方では通用しないとの認識から、送配電系統の制約を反映した新たな市場メカニズムの導入を通じて、送配電系統の利用率を高める方策が検討されるようになった。

図38 ドイツのLFM実証モデル

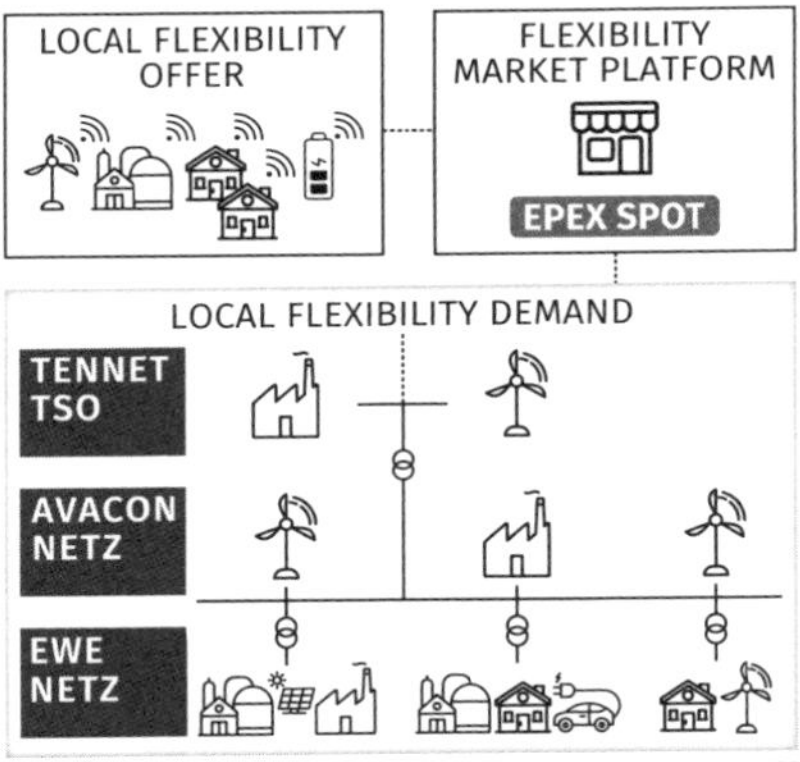

電力取引市場と同時並行でフレキシビリティーを市場で調整するドイツの実証モデル

こうした背景の下、ドイツの電力取引所が運用するスポット市場内に、LFM市場を新たな商品として追加することが検討された。市場メカニズムを考慮した仕組みで、これまで混雑解消に活用されていなかったDERなどが持つフレキシビリティーを新たな調整力として活用するインセンティブを与える。この最初の試みが、ENERAプロジェクト（ニーダーザクセン州の再生可能エネルギー導入対策プロジェクト）の1つとして2018年2月、送配電系統の混雑解消を目的にスタートした。2019年2月から実証試験に入っている。（欧州電力取引市場・EPEXで、TenneT GmbH、Avacon Netz、EWE Netzの DSO3社が

取引）

この取引では、ＴＳＯやＤＳＯが当日市場と同時間帯に運営されるＬＦＭからフレキシビリティーを購入し、一方の市場で生じたインバランスを他方の市場で反対売買して低減させることが可能である。取引は自主的なもので、強制力はなく、ドイツらしい規範の下で意図的なインバランスは発生しないとされているが、具体的なルールづくりが課題となっている。

また、取引における利用目的は、再給電指令の代替としての混雑解消だが、フレキシビリティーの提供者はコストベースよりも高い価格でＬＦＭに入札できるため、再給電指令に応じた場合よりも収入機会が多くなり、ＤＳＯに不利になる可能性が指摘されている。ＴＳＯとＤＳＯは、市場メカニズムで調達されたフレキシビリティーと、ＮＡＢＥＧ２・０によるコストベースの再給電指令をどう組み合せることが混雑解消に最も効果的か、合理的な配分方法が議論されている。

◆先行する欧州ＬＦＭからの示唆

欧州では、ＤＥＲのフレキシビリティーとしての活用を巡り、ＤＳＯによる地域的な混雑解消とＴＳＯによる系統全体の需給調整が整合しない可能性があることへの懸念が高まってきた。組織的独立が対応を複雑にしている面があることは否めないが、これが問題視されることはなく、協調強化に解決の糸口を求め、最適なモデルを模索している。

日本の送配電系統は一体組織として運営されているが、公正かつ透明性高くＤＥＲをフレキシビリティーとして活用するには、欧州に学びつつ、新たなメカニズムとそれを機能させるための基盤構築が必要なことはいうまでもない。今回紹介した欧州の先行プロジェクトからは以下の示唆が得られる。

①ＤＥＲ普及拡大によって、需要地系統では従来の設備増強による混雑解消だけでなく、ＤＥＲをフレキシビリティーとして活用する系統運用による混雑解消を組み合せることで、より安価に混雑解消できる可能性が高まる。

②一方で、需要地系統でのＤＥＲ活用増加はフレキシビリティーの奪い合いとなり、全系の需給調整に悪影響を及ぼす可能性がある。従って需給調整向けにどうフレキシビリティーを配分するかなど、混雑解消と需給調整双方の協調がとれた仕組みを工夫する必要がある。

③市場メカニズムを通じた再生可能エネルギーの出力抑制低減を目的とするドイツのＬＦＭは、実運用に近い段階でフレキシビリティーを確保する設計であり、他方、設備増強の回避や緊急時対策としての活用も目的に含める英国のＰｉｃｌｏ Ｆｌｅｘは長期的な確保ができる設計としている。日本では、ＤＥＲの普及状況、発生頻度が高い電圧階級など混雑の発生状況に応じて、フレキシビリティー市場の利用目的をどう設定するかが鍵となる。その上で、取引の活性化や混雑管理の効率化につながるような取引の種類と確保のタイミング、入札方法と対価の決め方などをどう実装するか、ＰｏＣ（Proof of Concept）を行いながら実現させることが重要になる。

④上記のメカニズムが十分かつ透明性高く機能するためには、ＤＥＲの種類・容量・発電消費や充放電プロファイル、需給予測、取引情報、メーターデータなどのデータを広く共有できるプラットフォームと、系統計画情報・系統運用上の制約情報などの系統関連情

報を共有できる仕組みが不可欠となる。

◆リスクへの備え　瞬時・短時間領域

ここまで、DERの導入拡大がもたらす系統混雑を取り上げた。これは、定常時の安定運用に関わるリスクだ。だが、電力の安定供給を確保するためには、定常時のみならず、設備故障や発電停止など構成要素の不具合のほか、自然災害、異常気象、国内外の経済情勢などに起因する突発的なリスクへの適切な対応が必要となる。これらのリスクは、事象として発現する時間領域が異なるため、瞬時・短時間領域から長時間・長期間領域にわたる広範な時間軸で対応策を検討する必要がある。ここでは、この時間領域に沿って、再生可能エネルギー主力電源化に伴う新たなリスクとそれへの備えについて考えてみよう。

電力擾乱に対して発電機が同期運転を維持できるどうか。系統安定度が問題となるミリ秒～秒の領域では、突発的な過酷故障発生に対して安定度問題や周波数異常、電圧異常の波及を防止し安定運転を維持できる対応策の準備が必要となる。

日本は再生可能エネルギー主力電源化に舵を切った。つまり、太陽光や風力などのインバーター電源・非同期電源が増加し、水力・火力発電などの同期電源が減少する。このため、系統全体の慣性力、同期化力が低下することへの備えが必要となる。

慣性力が低下すると、電源脱落時の周波数低下スピードは速まり、調整が追い付かず、再生可能エネルギー電源などの連鎖脱落を招く。また、同期化力の低下は、送電線事故時などに発電機間の加速・減速が大きくなり、同期運転を維持できなくなり、発電機の連鎖脱落を引き起こす。いずれも、最悪は系統崩壊の恐れもある。慣性力・同期化力の低下は、系統擾乱に対して同期電源の振動が拡大し、系統安定度や周波数の維持を阻害するという、再生可能エネルギー主力電源化に伴う新たなリスクの一つとなる。

広域機関による2030年の需給バランス、系統構成をベースとするシミュレーションでは、現在の供給計画に基づくと2030年の5月連休時、非同期電源比率が50%を超える広域連系系統が出現する。この状態は、海外の実績に照らすと、系統安定性の限界に迫る怖れもある。「慣性をリアルタイムで把握するための同期位相計測装置を用いた常時監視技術の確立」「同期電源の維持」（非同期電源比率に一定の制約を設ける運用）、「同期調相機の設置」（廃止火力・廃炉原子力の発電機を同期調相機として再活用を含む）などの現実策の確立に向けた協議・調整が急がれる。

◆リスクへの備え　長時間・長期間領域

電力系統は、瞬時から長時間・長期間領域まで需要予測に基づき、需要の変動周期に応じた時間領域ごとに適切な調整力・予備力を調達し、需給バランスを確保する必要がある。

現状は、需要の変動周期を

①慣性応答領域（ミリ秒～数十秒）
②発電機の自律的な出力調整領域（数十秒～数分）
③中央からの集中制御による発電機の負荷周波数制御領域（数分～数十分）
④発電機の起動・停止を含む差し替えなどによる最経済的運用への調整領域（数十分～数時間）
⑤定常的な経済性を目指す経済負荷配分制御領域（数十分～数時間）

図39　周波数制御の分担

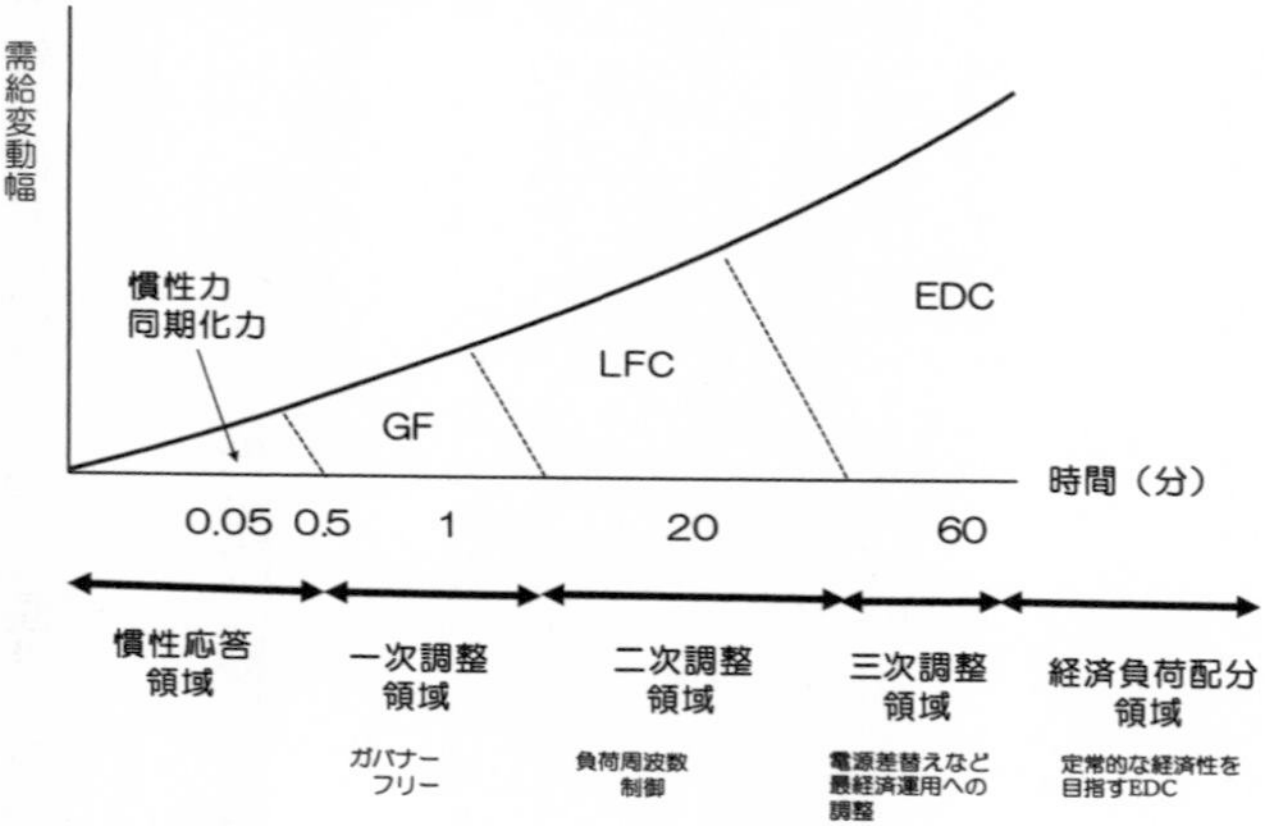

——に区分して、主に火力機・水力機から時間領域にマッチした出力応答特性を有する調整力を調達し、時間領域ごとの制御を分担している。

　では、再生可能エネルギー電源の導入拡大で、どのような影響が起こるのか。慣性力低下・同期化力低下への対応は慣性応答、つまり、発電機の自律的な出力調整領域の課題で、前回記した通りである。再生可能エネルギー電源の大量導入がもたらす変動は、需要の変動とあいまって周波数の変動を増大させ、より多くの調整力を必要とする。短期から長時間領域に関しては、蓄電池の活用や再生可能エネルギーへの自立的な周波数応答の導入と負荷周波数制御への組み込みが実用化すれば、火力発電の調整力確保量を低減できる可能性がある。このため、火力発電による上げ代・下げ代確保で一定の対応が可能となるよう検討が進んでいる。

しかしながら、稀頻度ではあるが、風力発電や太陽光発電など自然変動電源の出力予測が大外れとなるリスクは否定できない。対応には、大量の需給調整力確保が課題であるが、これを蓄電池で対応することは、経済性の点から実行可能的ではないとの試算もあり、新たなリスクとして慎重な検討と備えが必要となる。

また、日本における２０２１年１月の需給逼迫や、同年２月の米テキサス州での寒波による４日半の計画停電などの事例のように、複数日や週単位の異常気象が発生すれば、再生可能エネルギーの比率が高いほど、供給力激減のリスクがある。新たなリスク対応として、燃料備蓄を含む長時間・長期間領域の需給対策が必要になる。新たなリスクを考慮すると、２０５０年の目標レンジでは、自然変動型再生可能エネルギーの導入拡大には安定供給の観点から技術的かつ経済的に合理的な上限があり、一定のグリーン同期電源が必要となる。自然変動型再生可能エネルギー一辺倒でなく、一定量のグリーンな同期電源との最適な組み合わせが現実解といえる。

【エピローグ】

電気の発明からその利用による経済社会の発展を電力系統は支え続けてきた。今後、新たな基軸となる「脱酸素社会」の実現へ向けて、電力系統はこれからも進化を続ける。これまでの章を振り返りつつ、「次世代系統懇話会」のメンバーによる提言や問題意識を交えながら、本書を集約していきたい。

◆進化する電力系統

細長い国土に主要都市が沿岸部に並んでいる地理的特性、戦後の電力再編などの歴史的背景、１９６０年代に日米で経験した大規模停電の教訓などから、日本の電力系統は旧一般電気事業者の供給区域ごとの需給均衡と各社間の一点連系という串型系統の構成となっている。また、経済効率性を追求していく中では、大規模集中型電源が供給力の大宗を占め、電源は上流側に配置されることから、電力の流れは大規模発電所から送配電線を経由し需要地へという「一方向」の流れが、ある意味、電力系統構成の前提となっていた。

しかし、脱炭素化政策の大きな要素となる再生可能エネルギーの主力電源化を進めることで、配電系統などに多く接続される太陽光発電などの発電量が増加。下流から上流へという電気の流れも加わってきた。こうした分散型エネルギー資源（ＤＥＲ）の普及が進み、下流側での電源配置が拡大すると、電気の流れは「双方向」化する。さらに、プロシューマー化する消費者同士での融通や取引が活発化すれば、電力の流れは「多方向」化し、電力取引も一層複雑化すると考えられる。

次世代系統懇話会では、脱炭素化社会に向けた電力系統の次世代像について「集中型電源とDERとの統合型のエネルギーシステムであり、その役割は『送る・配るというバリューチェーン』から『電気の価値（キロワット時、キロワット、デルタキロワットや非化石価値など）の多様な取引が行われるプラットフォーム』に変容していく」と想定する。

また、こうした多様な系統参加者が価値を取引するプラットフォームが効果的かつ透明性高く機能するためには、事業者が責任ある行動をとることを前提に、DERを含めた系統に接続する設備や運用のデータ共有も重要と指摘。今後は基幹送電系統と大規模発電は広域的視点で設備構築や取引が行われていく一方、需要地系統（地域送電系統と配電系統）はDERや需要家にひも付く多様な価値を細分化して付加価値付けするプラットフォームとして、新たな役割を担うとしている。

◆新たな課題と技術革新

脱炭素社会実現を目指し、再生可能エネルギーの主力電源化とDERを活用することで、電力系統は「広域化する基幹系統」と「分散化する需要地系統」という2つの方向性に進化していく。いずれも、従来とは異なる運用や、設備構築の考え方の変更により新たな課題も生まれているが、制度見直しや技術革新でこれを克服しようとしている。

基幹系統の広域化は、全国大での電力取引の活性化と、再生可能エネルギーの地理的需給ギャップ改善への対応が大きな要因だ。既存設備を十分に活用する方策として「日本版コネクト&マネージ」を2018年から導入。設備増強についても従来の「プル型」から、増強要請の前にポテンシャルを見据え、計画的に設備形成を行う「プッシュ型」とすることとなった。次世代系統懇話会メンバーは、「再生可能エネルギーのポテンシャルが大きな地域に大規模需要を誘導するなど、大きな視点で系統を効率化し社会コストを低減させるためにも『プッシュ型』の設備形成は極めて重要」と指摘する。

技術革新による課題克服への挑戦も活発になっている。太陽光発電など非同期電源の増加に伴い、系統全体の慣性力や同期化力の低下はいずれも最悪の場合、電源の連鎖脱落を引き起こすリスクを伴う。これらに対しては、同期電源の一定割合の維持という政策的な措置に加え、インバーター電源やPCS（パワーコンディショナー）に疑似慣性力（発電機の回転エネルギー放出と似た効果）を付加する取り組みが世界的に進められている。

直流の活用も新たな動きといえるだろう。大規模ループフロー防止を目的とした直流連系、洋上風力の送電にHVDC（高圧直流）送電活用などが欧州を中心に活発化しているほか、需要地系統においても、蓄電池や電気自動車（EV）などのDER増加により、改めて注目が集まっている。懇話会メンバーからは「EV導入の加速を考えれば需要地系統の革新を起こすのは蓄電池。ゲームチェンジャーになり得る」との指摘があった。同時に、「ヒートポンプの性能向上にも着目すべきだ。200度といった高温も実現できるようになっており、これから用途が広がる。普及すれば、よりきめ細かな調整が可能なローカルフレキシビリティーとしてアグリゲーターが活用できる」（懇話会メンバー）とし、需要地系統での活用策検討を提言する。

◆系統参加者の役割も変容

現在の電力系統は集中発電所から需要へ、電圧を下げながら電気を送るという「下り一方向」の潮流を前提に計画・設計から運用、保守など多くの知見が積み重ねられてきた。この中での需要は、いわば送られてきた電力を消費する「ひとかたまりの需要」として認識されてきた。ＤＥＲを備えた需要は「ひとかたまりの需要」ではなくなり、それぞれの需要点は系統に対し、能動的な参加者として振る舞う。

社会の脱炭素化実現には、再生可能エネルギーの拡大や需要側のエネルギー利用効率向上が重要である。一方、同時同量を厳格に守ることで成り立つ安定的な電力系統を維持していくためには、大勢の系統参加者がそれぞれ自由に振る舞うことは許されず、一定のルールの整備のほか、役割の明確化と協調した活動を司る機能が必要になる。オーケストラの各パートが自由な演奏をしては交響曲としての響きが成り立たないのと同様である。

需要地系統におけるＤＥＲの拡大とその利用を進めている欧州でも、ＴＳＯ（送電事業者）とDSO（配電事業者）の役割にも変化が生じている。役割の明確化と同時に2者がどう協調すべきか、コストと社会的便益を相対的に評価するシミュレーションを行い、最適解を探る取り組みを行っている。

ポイントは、系統全体の安定性を調整する「フレキシビリティーの調達と運用をどう配分するか」。需要地系統における短期的な混雑解消や需給調整に活用する方式、また設備増強回避や緊急時対応への活用など長期的かつ系統全体への貢献を考える形など設計思想はさまざまだ。日本で市場調達を検討する場合については、次世代系統懇話会は「混雑の発生状況に応じフレキシビリティーの利用目的をどう設定するかが重要だ。その上で、取引の種類やタイミング、入札方法と対価などについて実証を行いながら実装していくべきだ」と指摘する。

また、フレキシビリティーに限らず、「従来埋もれていた『系統につなぐことで得られる価値』にも、今後は光を当てるべきだ」（懇話会メンバー）との指摘も重要だろう。同期化力や慣性力、周波数維持機能など、火力や水力など回転機を持つ発電設備により整えられてきた系統維持の価値を経済的にも明確にしていく取り組みは、すでに英国などでは慣性力市場などの試みとして始まっている。

◆全体を統括する「司令塔」の必要性

本書では、再生可能エネルギーとDERの電力系統への接続拡大により、基幹系統はより広域的に、需要地系統は分散・統合の運用へ、という大きな変化が起きていることを示した上で、その影響を分析してきた。

こうした流れに対し、「電力系統は発送変電から配電、需要設備に至るまでが有機的に一体となったシステムであることから、基幹系統、需要地系統がそれぞれ独自に振る舞うのではなく、系統一貫の協調が取れた計画・設計・運用・保守の下で最高度のパフォーマンスを発揮し、社会的便益（S＋3E）を最大化することが必要である。これが電力系統を『システムで捉える』ことの真骨頂といえる」（第5章）と指摘している。

そして、今やこうした「多様な系統参加者が利用し、統合プラットフォームとしての機能発揮が求められる電力システムの全体最適化、S＋3Eの価値最大化をはかるためには、『司令塔』の存在、その調整力の発揮が不可欠だ」と次世代系統懇話会は強調する。

それは例えば、短期的にはインバランスの最小化を図るための市場や制度の設計と現実的な運用、長期的にはS＋3Eのバランスの整った設備計画を策定し、適正な投資を促す仕組みを描き、その遂行を促すといった役割だ。では、それを一体誰が担うべきなのだろうか。

現在の電力システムにおいては、エネルギー政策・規制全般について資源エネルギー庁が統括し、より詳細なルール整備や監視を電力・ガス取引等監視委員会が実施。電力系統の広域的な運用や供給安定性の監視は電力広域的運営推進機関（広域機関）、そして実際の電力系統の運用、管理・整備は一般送配電事業者に委ねられている。「各機関や企業は与えられたミッションを遂行しているが、目指すところは一致しているように見えても、わずかなズレが重なって大きなひずみになりかねない」、「現状、すでにルールメーカーである官と、実際に系統を動かしている民との間には少し距離があるのではないか。もう少し官民の一体感、全体を俯瞰して調整する機能が必要だ」といった声が懇話会メンバーからは上がっている。

そして立場の異なる関係者が数多く参加するプラットフォームとなった電力システム構築において、公平性や納得感の下で適正なバランスを担保するためには、多様な角度からのシミュレーション実施が効果的である、との見方も強い。

◆電力システムが抱える矛盾

現在の電力供給体制は、量と質の両面でリスクを抱えている。

量の問題は、市場構造に起因する。スポット市場では、大手電力の売り入札価格が低く抑えられ、太陽光の大量導入と相まって約定価格が低下。小売市場への参入障壁が下がった半面、電源の固定費回収は難しくなった。高経年化した石油火力は維持できなくなり、休廃止が加速した。

将来の供給力不足への懸念から容量市場が整備されたが、価格が乱高下し、投資回収の予見性が低いという問題が可視化された。現在、長期脱炭素市場や、燃電源の新規投資を促す政策が導入されることになった。

質の問題は、東日本大震災を契機に浮上した。原子力発電所が停止し、LNG火力発電偏重の供給構造に陥った。ネックとなるのは、燃料調達。太陽光の大量導入に伴って稼働率が下がり、燃料の余剰在庫を抱えにくくなった。想定を上回る需要増や大規模な電源脱落が起こると、燃料が不足する恐れがある。そのリスクが顕在化したのがウクライナ危機に端を発する世界的なエネルギー危機や燃料費高騰、2020年冬から繰り返されてきている電力危機だ。

なすすべなくインバランス補給に頼った新電力も1社や2社ではない。需給調整の足かせとなったが、経済産業省は損失の一部補填などに応じたこともあった。だが、2022年以降、新電力の倒産・撤退が相次いだほか、2022年度は燃料費の高騰や円安、卸電力の価格高騰などにより、旧一般電気事業者の大手電力会社10社の内、9社が経常赤字、8社が純損失を計上する事態となった。

欧州も2020年以降、天然ガスの在庫不足に見舞われた。気温影響などで需要が伸びる一方、2022年はウクライナ戦争によりロシアからの供給量が激減。エネルギー価格の高騰は、電気料金やガス料金の高騰に直結し、市民生活にも大きな影響を及ぼした。

脱炭素化の流れは、石油、石炭からの脱却と同時に化石燃料への投資縮小をもたらした。世界的なガス争奪戦は一段と激化する見通しだ。さらに、再エネによって需給変動が大きくなれば、供給力不足や市場価格の乱高下が頻発する可能性が高い。

こうした状況は安定供給を一手に担う一般送配電事業者に暗い影を落とす。次世代系統懇話会メンバーは「需給変動を補うには火力の存在が不可欠だ」と指摘するが、市場に任せておいては、電源投資は停滞し、燃料確保も危うくなる。この矛盾をどう解消するか。有効な対策は「火力を市場競争から切り離し、一般送配電事業者が基幹系統と一体で運用することではないか」（同メンバー）。需要地系統では、市場原理に基づいてDERを最大限活用し、不足分を基幹系統からバックアップする。時代に合った電力システムへの転換が求められる。

◆シミュレーションの重要性

「8つのD」を背景に、電力システムを巡る将来の不確実性が高まっている。脱炭素や自由化、分散化などの影響を正確に予測するのは難しい。前提条件を変えて複数のシナリオを分析し、設備投資や制度・市場設計に生かす取り組みが官民双方に求められている。

次世代系統懇話会のメンバーは「再生可能エネルギーと蓄電池があれば、脱炭素を実現

図40　8つのD

エネルギー分野におけるメガトレンド		
01	自由化	Deregulation
02	脱炭素化	De-carbonization
03	分散化	Decentralization
04	人口減少	Depopulation
05	電力取引の民主化	Democratization
06	デジタライゼーション	Digitalization
07	自然災害の広域化・激甚化	Devastating natural disaster
08	設備の高経年化	Degradation due to aging

できるイメージがあるが、シミュレーションによって分かることもある」と指摘する。再生可能エネルギーによる需給変動を蓄電池で補えるのは数時間から数日程度にすぎない。水素・アンモニアや二酸化炭素回収技術を使った火力発電か、出力調整運転できる原子力発電で対応する必要があるという。

CO_2の回収はまだ技術的な不確実性が高いが、日立製作所と東京大学が設立した日立東大ラボは興味深い分析をまとめている。それによるとコストをかけずに脱炭素を実現する道は、2035～40年から太陽光と蓄電池の導入量を抑え、CO_2回収前提の火力と原子力を活用すること。懇話会メンバーの一人は「技術の進展を見ながら、定期的に電源や系統の計画を見直していくべきだ」と話す。

洋上風力の大量導入も、電力システムに重大な影響を及ぼす要素の一つ。秋田と千葉を手始めに開発が本格化する。電力広域的運営推進機関（広域機関）は既に、洋上風力4500万キロワットの導入を想定したマスタープランを発表した。系統増強について、中西地域の増強計画と合わせ、最大で7兆円の投資までは便益が上回ると見積もった。

その一方で、専門家からは過剰投資を不安視する声が漏れる。悪いシナリオを想定すれば、電源開発が進まず系統利用率が低迷するおそれがある。また、系統への投資を託送料金で回収するために洋上風力の発電電力を優先し、需要地系統で太陽光の出力制御が頻発する可能性も捨てきれない。

一方、需要地系統の変化にも備える必要がある。再生可能エネルギーや蓄電池、需要家機器などを需給調整に役立てる時代が来ると、電気の流れは複雑に入り組み、基幹系統を含めた設備形成や系統運用の在り方、市場構造などを大きく変える可能性がある。さまざまなリソースがどのような相互作用を起こすのかをシミュレーションし、官民で情報を共有することが、新しい電力システムを考える鍵になりそうだ。

◆系統参加者に求められる覚悟

再生可能エネルギーが増えて火力発電が減るとどうなるか。2020年冬の需給逼迫と卸市場価格高騰は、今後増大するリスクの一端を浮き彫りにした。次世代系統懇話会のメンバーは「カーボンニュートラルに向けて状況はますます悪化する。構造的に手を打たなければならない」と危機感をあらわにする。

その先の将来像が、広域化する基幹系統と、分散化する需要地系統を一つのシステムとして最適化した〝次世代系統〟だ。これは、規制や市場のルールを決める行政や、系統を構成するあらゆるプレーヤーが連携し、20～30年かけて取り組むべき課題だ。

送配電事業者は従来、電源や需要が増えるに従って系統を整備・保守し、電力を安定供給してきた。人口減少が進む中で人材をどう確保し続けるかという問題を抱えつつ、従来の枠を超えた新たな役割も担うことになる。

懇話会メンバーは「プッシュ型の系統形成が一段と重要になる」と話す。再生可能エネルギー適地と大需要地をつなぐ長距離送電線が過剰投資になるという懸念は根強い。地産地消が最もエネルギー効率が高いという原点に立てば、需要地に近い場所から再生可能エネルギー開発を進める、あるいは再生可能エネルギー資源賦存地にデータセンターを呼び込んだり、再生可能エネルギー余剰地域にデータを飛ばしビッグデータを処理したりすれば、系統の効率性や信頼性向上につなげることが可能だ。

また、需要地系統では、蓄電池やEV、ヒートポンプ機器などを需給調整に生かすようになり、DERを活用した取引が活発化する。系統の利用者側にも、プラットフォームとして電力系統を利用してもらうには情報が必要だ。系統運用者側には、デジタル技術を使ってデータを集め、混雑状況や取引可否判定などの情報を提供する役割も求められる。懇話会メンバーは「系統の運用者・利用者が協調することで、よりダイナミックに需要を動かす試みが出てきてほしい」と期待を込める。

将来像の実現に向けて最も重要なポイントの一つは、この協調性だろう。再生可能エネルギーの導入拡大によって不確実性が増す中、従来と同様に安定供給を全うするには、個々のプレーヤーが供給責任を果たすことが大前提となる。その際に「市場価格が高いから買えない」といった言い訳は許されない。

「系統のプラットフォームに参入するからには、S＋3Eの理念とそれを実現する覚悟が必要だ」。

これをもって、次世代系統懇話会のメッセージとしたい。

あとがき

進化論は、生物は進化する生き物であると主張する。ダーウィンによれば、生存競争と自然淘汰、この二つのメカニズムが生物の進化の原動力であり、環境に適合したものだけが生き残ると洞察している。

生物になぞらえる電力系統の進化は、人間の計画的な介入によるものであり、生物の進化は自然の偶然性によるものであるという点が異なるが、環境の変化に対応するために変化するという点は、共通点といえる。

草創期以来、電力需要の伸長に対応し、量的・規模的な成長を遂げてきたわが国の電力系統は、先達による技術面、政策・制度面などでの革新や創意工夫により、取り巻く社会・経済環境の変化に適合すべく進化を繰り返し今日に至っている。

人口減少の時代に入り、これまでのような量的・規模的な成長が見込めないわが国において、本書では、電力系統を巡る環境の変化を8つの〝D〟ととらえ、これからも電力系統は、これらの環境変化に適合すべく進化を遂げていくが、その進化は〝質的進化〟と総括している。

アメリカ工学アカデミーにより「20世紀最大の技術的偉業」と評価される電力系統だが、技術的遺産に留まることなく、現代社会を支える不可欠な社会インフラとして新たな環境変化に適合すべく現在も、そして将来も〝進化〟させていかなければならないのである。

偉業と評価されている割には、「電力系統」の実相を広く社会に訴求できていないことに忸怩たる思いだが、こうした背景もあってか、電力系統あるいは電力技術分野は〝成熟分野〟と受け止められがちである。

しかし、本書で紹介したとおり、電力系統は成熟でなく、常に進化が求められる〝フロンティア〟にあるのである。

一方、日本の電力系統の歴史を振り返ると〝エネルギーとしての電気の可能性〟を信じ、懸命に電力系統の発展に挑戦した多くの先達の〝進取の気性〟と〝不断の努力〟の事跡が見て取れる。生命進化の理由の一つは、遺伝物質にＤＮＡを選択した結果であるとの理化学研究所の研究成果になぞらえれば、〝エネルギーとしての電気の可能性〟を追求する〝進取の気性〟と〝不断の努力〟こそが、「電力系統」の進化に欠かせないDNAといえるのではないかと思う。

電力系統は、常に進化する、進化に挑戦し続ける。進化に欠かせないDNAは、〝エネルギーとしての電気の可能性〟を追求する〝進取の気性〟と〝不断の努力〟にある。このDNAを覚醒したい。本書のタイトルを、「電力系統進化論」としたゆえんである。

電力系統は、その構成要素である発電、送配電、需要だけでなく、系統設計・系統運用に直結する電力市場、政策体系などそれぞれが、複雑なシステムとなっている「システム・オブ・システムズ」であり、進化に伴い、構成要素間の相互作用の複雑さが増すとともに、将来の不確実性への対処がより困難になる。

本書で紹介した通り、従来から電力系統の計画・設計では、需要想定の上振れ・下振れ、電源開発計画の変更・修正など〝将来の不確実性〟へ柔軟に対応することを重要な設計思想として、多くの先達が創意工夫し、今日に繋がるプラクティスを生み出してきている。

しかしながら、今後は、従来に加えて、自然変動再エネの変動性と不確実性、グリーンエネルギー技術・分散型エネルギー資源などの普及の不確実性、関連諸制度の実効性に関する不確実性など新たな不確実性が重畳することなどから、〝将来の不確実性〟への対処がさらに困難になる。

これに対処するためには、可能性と不確実性が併存する複数のシナリオを追求し、従来以上に高度なシミュレーションによる分析・データに基づく議論を深め、シミュレーション結果の解釈を官民が共有した上で、技術や政策の重点をしなやかに設定・修正することが必要になる。

電力系統の進化に挑戦する若い世代の方々が増えることを切に願うとともに、併せて、電力系統は、進化すればするほど、「システム・オブ・システムズ」としての複雑さ、将来への不確実性への対応の困難さが増していくため、シミュレーション、データに基づく議論を深めることを望みたい。

２０２３年９月

山口　博

tegrated ancillary services acquisition : the view of the SmartNet project」, C5-306 2018 Paris Session
（4） Gianluigi Migliavacca :
「SmartNet project : TSO-DSO interaction architectures to enable DER participation in ancillary services markets」, ENTSO-E Internal Ancillary Services Conference| Brusse, October. 2017
（5） 電力中央研究所報告：
「イギリス・ドイツのローカルフレキシリィティ市場の現状と課題」、2020年３月
（6） ACER :
「A Bridge to 2025」, April 2014
（7） Piclo, Element Energy and Graham Oakes :
「Modelling the GB Flexibility market — Part 1 The Value of Flexibility」, April 2020
（8） Piclo, Element Energy and Graham Oakes :
「Modelling the GB Flexibility market — Part 2 The Value of Centralised & Distributed Storage」, April 2020
（9） enera :
「PROJEKTMAGAZIN」, April 2021
（10） Julian Eggleston, Christiaan Zuur, Pierluigi Mancarella :
「From Security to Resilience」 IEEE PES September/October 2021

このほか、国内外の政府審議会、研究機関等の各種公開資料より抜粋、引用を行った。

「The Integrated Grid　PhaseⅡ～ Development of A Benefit-Cost Framework」, May 2014
（5）資源エネルギー庁新エネルギー課：
「2030年に向けた今後の再エネ政策」、2021年10月
（6）Natalie Milms Frick, Snuller Price, Lisa Schwartz, Nichole Hanus, Ben Shapro :
「Locational Value of Distributed Energy Resources」, February 2021
（7）株式会社三菱総合研究所：
「諸外国におけるバーチャルパワープラントの実態調査」、2017年12月
（8）IRENA :
「Transforming the Energy System : And Holding the Line on Rising Global Temperatures」, 2019年 9 月

第四章　分散化する需要地系統

（1）岡本浩：「グリッドで理解する電力システム」、電気新聞、2020年12月
（2）岡本浩：「カーボンニュートラルを目指すエネルギーシステムの課題と電力グリッドの役割」、関西電子工業振興センター KEC 情報誌2023年 1 月号

第五章　新たな協調の形とリスク対応

（1）ENTSO-E :
「Towards smarter grids : Developing TSO and DSO roles and interactions for the benefit of consumers」, May 2015
（2）IRENA :
「Innovation landscape for a renewable-powered future: Solutions to integrate variable renewables」（IRENA, 2019a)', February 2019
（3）Gianluigi MIGLIAVACCA et al. :
「TSO-DSO coordination and market architectures for an in-

■参考文献

プロローグ

（1）成長戦略会議（第6回）資料：
「2050年カーボンニュートラルに伴うグリーン成長戦略」、2020年12月

（2）経済産業省：
「GX実現に向けた基本方針～今後10年を見据えたロードマップ～」、2023年2月

（3）次世代ネットワーク研究会：
「低炭素社会実現のための次世代送配電ネットワークの構築に向けて～次世代送配電ネットワーク報告書～」、2010年4月

（4）電力システム改革専門委員会：
「電力システム改革の基本方針―国民に開かれた電力システムを目指して」、2012年7月

（5）電力システム改革専門委員会：
「電力システム改革専門委員会報告書」、2013年7月

第二章　次世代系統の方向

（1）電力系統の構成及び運用に関する研究会：
「電力系統の構成及び運用について」、2007年4月

（2）Paul De Martini, Lorenzo Kriston, Lisa Schwartz :
「DISTRIBUTION SYSTEMS IN A HIGH DISTRIBUTED ENERGY RERSOURCES FUTURE」, BERKELEY LAB Report no.2, October 2015年

（3）EPRI :
「The Integrated Grid～REALIZING THE FULL VALUE OF CENTRAL AND DISTRIBUTED ENERGY RESOURCES」, February 2014

（4）EPRI :

本書は、２０２１年10月１日付から２０２２年２月10日付にかけて電気新聞に連載した「電力系統創新覧古」を改題し、加筆・修正のうえ再構成したものです。

■次世代系統懇話会（執筆・構成、敬称略）

【座長】

山口　博　　株式会社関電工　特別顧問

【メンバー（50音順）】

今井　伸一　　株式会社東光高岳　常務執行役員

岡本　浩　　東京電力パワーグリッド株式会社
取締役副社長執行役員

廣瀬　圭一　　国立研究開発法人　新エネルギー・産業技術総合開発機構　スマートコミュニティ・エネルギーシステム部主査

横山　明彦　　東京大学名誉教授

劉　伸行　　東京電力ホールディングス株式会社
経営技術戦略研究所　次世代系統構想担当

【構成・編集】

電気新聞　　圓浄加奈子　　小林健次　　寶珠幸司

電力系《でんりょくけい》統《とう》進《しん》化《か》論《ろん》

2023年10月31日　初版第1刷発行

著　者　山口《やまぐち》博《ひろし》、次《じ》世《せ》代系統《だいけいとう》懇《こん》話《わ》会《かい》

発行者　間庭　正弘
発　行　一般社団法人日本電気協会新聞部
〒100-0006　東京都千代田区有楽町1-7-1
TEL　03-3211-1555　FAX　03-3212-6155
https://www.denkishimbun.com
印刷所　株式会社太平印刷社

ISBN978-4-910909-09-7 C3254